ENSINO E APRENDIZADO DA LÍNGUA MATERNA

Outras obras do autor: Decifrando a crase / Dicionário prático de regência verbal / Dicionário prático de regência nominal / Gramática resumida / Grande manual Globo de ortografia / Língua e liberdade / Luft – regência nominal/regência verbal / Minidicionário Luft / Microdicionário Luft / Moderna gramática brasileira / Novo guia ortográfico / Novo manual de português / A palavra é sua / O romance das palavras / A vírgula.

CELSO PEDRO LUFT
ENSINO E APRENDIZADO DA LÍNGUA MATERNA

Organização e supervisão:
Lya Luft

Coordenação:
Marcelo Módolo

EDITORA GLOBO

Copyright © 1996 by Lya Luft, Suzana Luft, André Luft e Eduardo Luft

Todos os direitos reservados. Nenhuma parte desta edição pode ser utilizada ou reproduzida – em qualquer meio ou forma, seja mecânico ou eletrônico, por fotocópia, gravação etc. –, nem apropriada ou estocada em sistemas de bancos de dados sem a expressa autorização da editora.

Coordenação editorial: Claudia Abeling
Preparação: Beatriz de Freitas Moreira
Revisão: Cláudia Renata G. Costa e Maria Sílvia Mourão Netto
Capa e projeto gráfico: Alberto Mateus

CIP-BRASIL. CATALOGAÇÃO-NA-FONTE
SINDICATO NACIONAL DOS EDITORES DE LIVRO, RJ

Luft, Celso Pedro, 1921-1995
    Ensino e aprendizado da língua materna / Celso Pedro Luft ; organização e supervisão Lya Luft ; coordenação Marcelo Módolo. - São Paulo : Globo, 2007.

    Apêndices
    ISBN 978-85-250-4294-1

    1. Língua portuguesa - Estudo e ensino. 2. Linguagem e línguas. 3. Linguagem e línguas - Estudo e ensino. I. Luft, Lya, 1938-. II. Módolo, Marcelo. III. Título.

07-0153		CDD - 469.798
		CDU- 811.134.3(81)
16.01.07	19.01.07	000146

EDITORA GLOBO

Direitos da edição em língua portuguesa
adquiridos por
EDITORA GLOBO S.A.
Av. Jaguaré, 1.485 – 05346-902, São Paulo, SP
www.globolivros.com.br

SUMÁRIO

APRESENTAÇÃO 7

I
INTRODUÇÃO
CREDO LINGÜÍSTICO 11
BREVE TEORIA — LINGUAGEM, LÍNGUA E FALA 20

II
GRAMÁTICA: NOVAS IDÉIAS
NOVOS CONCEITOS EM GRAMÁTICA 31
GRAMÁTICA, ENSINO E EDUCAÇÃO 49
ENSINO DA LÍNGUA E TEORIA GRAMATICAL 72

III
A LÍNGUA
SABER A LÍNGUA É SABER DISTINGUIR 97
O QUE É APRENDER A LÍNGUA? 102

IV
QUESTÕES PRÁTICAS
A LÍNGUA É DINÂMICA 131
O PROFESSOR DE PORTUGUÊS 149

V
APÊNDICES
A REFORMA DA ORTOGRAFIA 185
ANÁLISE DO PORTUGUÊS DE UM ESCRITOR: A LINGUAGEM DE PAULO EMÍLIO....197

SABENDO UM POUCO MAIS 212

APRESENTAÇÃO

> *Penso ser urgentíssimo promover uma mudança radical em nossas "aulas de Português", (...) passando de uma postura normativa, purista e alienada, à visão do aluno como alguém que* JÁ SABE *a sua língua pois a maneja com naturalidade muito antes de ir à escola, mas precisa apenas* LIBERAR *mais suas capacidades nesse campo, aprender a ler e a escrever, ser exposto a excelentes modelos de língua escrita e oral, e fazer tudo isso com prazer e segurança, sem medo.*
> CELSO PEDRO LUFT

Ensino e aprendizado da língua materna é o segundo volume de uma série de inéditos em livro de Celso Pedro Luft que a Editora Globo muito oportunamente traz a público. Composta por cinco partes — Introdução, Gramática: novas idéias, A língua, Questões práticas e Apêndices —, esta obra é a retomada e a continuação de um trabalho anterior de Celso Luft, que causou certo furor entre os professores de língua portuguesa na década de 1980, *Língua & liberdade*.

Como era de se esperar, depois de *Língua & liberdade* surgiram muitos títulos dedicados à lingüística aplicada do português. Mas, por que, então, mais um livro sobre o ensino e aprendizado da língua materna?

Julgamos de importância resgatar a produção de um dos mais profícuos gramáticos e lexicógrafos do português brasileiro do século XX, permitindo, assim, aos professores de língua e lingüística, aos estudantes dos cursos de letras, como também aos leitores comuns ter acesso a essas reflexões sobre o ensino e aprendizado de língua materna.

Este volume prima pela fidelidade aos escritos do Professor Luft, trazendo a teoria como foi apresentada na época em que os textos foram redigidos. Dito isto, esperamos que os especialistas compreendam, se não os resultados, pelo menos nossa intenção em publicá-los. Parte significativa do presente trabalho foi composta por materiais que o Professor publicou em sua coluna diária "No mundo das palavras", que passou a se chamar "Mundo das palavras", no jornal *Correio do Povo*, de Porto Alegre, entre 1970 e 1984. A simplicidade do texto, típica do registro jornalístico, foi mantida por Celso Pedro Luft, mostrando sua continuada preocupação em aclarar o assunto para o grande público, não-especialista.

O compêndio agora publicado — planejado por Celso Luft — vem a lume graças aos esforços da escritora Lya Luft, viúva e colaboradora do gramático que, zelosamente, vem trabalhando pela (re)publicação de suas obras.

Ficam os estudiosos do português brasileiro devendo a ele mais esta substanciosa lição.

MARCELO MÓDOLO
doutor em Letras e professor de
filologia e língua portuguesa do Departamento de
Letras Clássicas e Vernáculas da USP.

I
Introdução

CREDO LINGÜÍSTICO

Muitas vezes não entendemos ou entendemos mal as pessoas só porque desconhecemos as convicções que estão atrás das palavras. As frases atuais podem não corresponder ao pensamento — por malícia às vezes, mas geralmente por inépcia verbal.

Para evitar que algum leitor interprete erroneamente afirmações minhas e para que todos conheçam as convicções básicas que sustentam meus pontos de vista e minhas interpretações, resolvi transcrever aqui meu credo lingüístico. Nele encontrarão o que penso sobre linguagem, língua, idioma, dialetos, gírias, expressão falada e escrita, linguagem comum e literária, norma e criação, ensino da língua, papel da gramática e dos gramáticos, e outros assuntos relacionados.

Os meus alunos se reencontrarão com idéias familiares. Aqui e ali é possível que se surpreendam com alguma reformulação. Isto é inevitável na vida, se vida é busca pertinaz da verdade: viver é crescer.

A linguagem é congênita capacidade humana de criar ou assimilar e manejar sistemas de comunicação, especialmente de comunicação verbal.

É congênita ou ingênita essa capacidade, porque nasce com o indivíduo. A mente humana é uma expectativa de linguagem e de línguas. Há estruturas mentais prévias, prontas para interiorizar qualquer sistema lingüístico (= língua), com a mesma facilidade. Qualquer língua é apenas uma restrição nessa ampla estrutura de possibilidades.

Por isso mesmo, muito cedo as crianças ou aprendizes de qualquer língua surpreendem a adultos ou professores, mostrando saber muito mais do que aprenderam.

Capacidade humana, porque é dom específico do animal racional: o homem é um ser de linguagem, ou o homem como homem é linguagem. A linguagem é a própria condição e processo de sua vida espiritual. Pensamos, imaginamos, sonhamos, amamos ou odiamos, rezamos ou praguejamos por meio de palavras.

Só por analogia falamos em "linguagem dos animais": é uma imagem, uma metáfora. Se é verdade que os animais têm sistemas de comunicação — para aviso de perigo, de recursos de alimentação, etc. —, trata-se de sistemas muito rudimentares, insuscetíveis de aperfeiçoamento. Formigas ou abelhas se comunicam de forma idêntica, em todos os tempos e lugares. Ao contrário, qualquer criança é um gênio criador de linguagem.

"A linguagem continua sendo a barreira que separa radicalmente o animal do homem: para o animal a linguagem humana, tal como ele a compreende, não é instrumento do pensar mas simples sinal, uma linguagem animal" (P. Chauchard, *Le langage et la pensée*. Paris, 1956). Capacidade de criar sistemas lingüísticos, porque qualquer pessoa humana, havendo necessidade de interesse, saberá inventar um sistema de sinais que permita a comunicação com o outro. Isto é, saberá atribuir a elementos sensoriais (auditivos, visuais, táteis) um valor significativo convencionado com o próximo, e organizar isso num todo estruturado. Todo homem é um Zamenhof* em potência.

A origem da linguagem está no próprio homem. Na sua mente de ente racional. No seu poder criador.

* * *

A língua é o instrumento por excelência da comunicação entre os membros de uma comunidade. Está pois a serviço da vida, e não ao revés. Não é a vida que vai acomodar-se a um sistema lingüístico como a um leito de Procusto. A língua é que deve constantemente readaptar-se à vida. Por isso ela é um sistema aberto, dinâmico, flexível.

---

* Ludwig Lazar Zamenhof (1859-1917) foi o criador do esperanto. (N. C.)

Não é o indivíduo nem a sociedade que existem em função da língua e respectiva gramática. A língua e sua gramática só se justificam para servir à sociedade e aos indivíduos.

As comunidades humanas são autodeterminadas em matéria de normas idiomáticas da linguagem oral — a verdadeira linguagem, porque a escrita é mera representação convencional da ou para a fala.

O melhor em cada comunidade é o padrão oral das pessoas mais cultas ou líderes, ou seja, dos indivíduos socialmente mais prestigiados. É a pressão e a atração da cultura e do prestígio: os indivíduos que estão por baixo sonham subir, afirmar-se. De bom grado, os que têm menos assimilam dos que têm mais.

Em matéria de fala, a verdadeira e única gramática é a manifestada pelos falantes de mais saber e influência. A gramática escrita, livro, ou disciplina, só vale enquanto reflete e registra aquela. Não é a fala culta que deve acertar o passo com a gramática: os gramáticos e as gramáticas é que devem acertar o passo, apurar os ouvidos.

O uso é a lei soberana em linguagem. É o direito e a norma do falar — *jus et norma loquendi*, de Horácio (*Ars poetica*, 71).

"Em que pese aos gramáticos, o único critério para julgar da correção da linguagem é, como muito bem diz o filólogo Sayce: 'Somente o uso ou costume pode determinar o que é certo e o que é errado, e não o veredicto dos gramáticos, por mais eminentes'" (Said Ali, *Dificuldades da língua portuguesa*).

"O uso é o melhor mestre em tudo" (Plínio, na sua *História natural*).

A boa linguagem ou expressão falada é, pois, muito mais uma questão de ouvido — escutar e imitar os bem-falantes — que de leitura de gramáticas ou dicionários. Verde é a árvore da vida, pálidas ou amareladas são as folhas dos livros — imitando um pensamento de Goethe.

E quando o uso diverge ou hesita? Então temos as variantes idiomáticas e podemos escolher livremente. Na opção, naturalmente, pesam critérios como a estética, a economia, o gosto individual. Mas convém reparar se uma das formas não é majoritária. Majoritária é a forma que não chama a atenção — esta deve ser preferida. Se a maioria pronuncia /'masimu/, soa pedante a pronúncia /'maksimo/. Noventa e nove que pronunciam fecha /'feʃa/ jogam o ridículo em cima do centésimo que se sai com fecha /'feʃa/.

Somente quando não há uso estabelecido — por se tratar de forma rara, não usada na fala corrente —, deverão entrar critérios como a etimologia (origem da palavra), a lógica ou a tradição gráfica. É o caso de vocábulos como (im)pudico, (cert)iberos, ciclope, negrus, termos técnicos como atocia, eutocia, síndrome (Med.), masseter, ureter, zigoma, cóccix (Anat.), etc.

Mesmo aqui há que estar de ouvido atento: cedo se impõe, entre os especialistas, um uso majoritário. E diante deste devem inclinar-se etimologias e lógicas, embora nesse meio culto se espere um conhecimento e respeito maior pelas origens, geralmente gregas ou latinas.

***

A linguagem é uma realidade complexa. Que sucede quando alguém fala? Mediante sons, ele manifesta idéias ou sentimentos. Há portanto uma parte física e outra espiritual. O homem pode comunicar sua experiência interior mediante dois instrumentos: um sistema de sinais e um conjunto de órgãos para emitir os sinais.

O sistema de sinais e a sinalização constituem as duas faces da linguagem. Os dois estão numa relação de constante e variável. Podemos opô-los como potência e ato, instrumento e ação, sinfonia e execução, código e mensagem.

O sistema é coletivo, compartilhado por todos os membros da comunidade; o processo (de sinalização) é individual. O sistema é psíquico, o processo é físico, ou melhor, psicofísico. O sistema é necessário para dar um sentido ao processo, e o processo para que o sistema se organize.

Historicamente, os processos precederam os sistemas. E por meio dos processos é que os indivíduos aprendem os sistemas: é ouvindo atos de fala que as crianças assimilam a língua materna e os adultos aprendem os idiomas estrangeiros.

Naturalmente, estaríamos aí num círculo vicioso, tanto para a humanidade como para o indivíduo — não fôssemos admitir a existência das estruturas mentais prévias, conforme o que escrevemos anteriormente.

Usando termos específicos, temos **linguagem** = comunicação; **língua** = sistema; **fala** = processo. Como este pode ser oral ou gráfico, talvez seja melhor chamá-lo de **expressão**. Temos pois a oposição: **língua // expressão : oral / escrita**. O termo que domina tudo isso é linguagem.

Essas são as distinções básicas que deve fazer toda pessoa que se ocupe dos fenômenos de linguagem. Mas é indispensável partir para ulteriores distinções. Aparentemente, a língua seria a base fixa a permitir as infinitas variações da fala. Mas nenhuma língua é tão fixa assim.

Convém distinguir em todo o sistema lingüístico um substrato básico e os superstratos de adaptação. A base é esquemática, não permite imediata realização. Fazem-se necessárias instruções complementares. Ao substrato chamamos esquema, e ao superstrato, norma. Esquema e norma são as duas faces do sistema: os fundamentos e o edifício, a lei e a regulamentação.

No caso da linguagem, esquema e norma são respectivamente língua e idioma. Idioma em sentido amplo, abrangendo desde as adaptações regionais (dialetos e falares) e sociais (gírias) até as individuais (idioletos). Representando isso graficamente, temos:

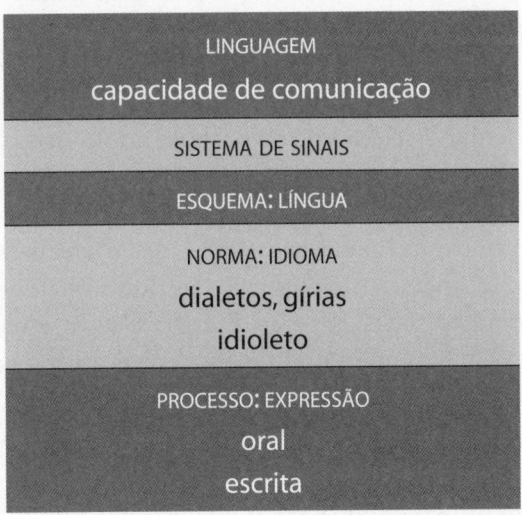

Interpretação: por ter o dom da linguagem, o homem pode criar ou recriar (aprender) sistemas lingüísticos, línguas. Cada sistema tem uma base ampla, ou esquema, que vai sofrer constantes adaptações, ou normas (instruções imediatas para a realização da fala ou escrita) — desde as coletivas (dialetos, falares, gírias) até as individuais (idioletos). Só depois da interiorização individual do sistema é possível o processo, ou seja, a expressão oral e/ou escrita.

Ou, fazendo o caminho inverso: eu posso falar e/ou escrever (expressão) porque interiorizei (idioleto) uma norma local (dialeto, falar, gíria), que é a adaptação geográfica ou social de um esquema lingüístico (língua). E tudo isso foi possibilitado pelo dom da linguagem.

No meu caso, trata-se de um idioleto adaptado do falar porto-alegrense, um dos falares do Sul do Brasil, modalidades do idioma brasileiro, adaptação este da língua portuguesa. Esta, por sua vez, como qualquer língua, é uma adaptação (restrição) do esquema lingüístico humano fundamental, ou seja, da "língua universal" dos cartesianos.

***

Toda língua, sistema básico de comunicação, amplo esquema de possibilidades verbais e vocais, não possibilita uma realização imediata. Fazem falta instruções mais pormenorizadas. Exemplos. Com os temas "sorvete" e "chocolate" posso combinar os sufixos **-aria** e **-eria**. Falta uma instrução sobre qual dos dois escolher em cada caso. Os radicais verbais, no infinitivo, encontram ou enfrentam uma trifurcada opção: **-ar**, **-er**, **-ir**. Instruções secundárias devem orientar a seleção. Um vocábulo como /kaki/ (caqui) admite acento tônico na primeira ou na segunda sílaba: uma instrução prosódica precisa regular isso.

Isto quer dizer que toda língua, como esquema, é irrealizável. Vou comparar com um jogo (a linguagem é um jogo). A dois indivíduos leigos em xadrez dou um tablado e todas as peças. E digo: "Façam uma partida". Claro que a partida não sai. No entanto, o esquema estava ali: toda a hierarquia das peças e o tablado com todos os escaques (quadradinhos). Aos jogadores faltavam as instruções sobre como usar as peças, como movimentá-las, disputar o terreno, etc.

O esquema lingüístico está a serviço dos membros de uma comunidade. Estes, em sua maioria, é que vão regulamentar o jogo. Isto é, vão transformar o esquema em norma. Decidirão, por uma convenção tácita, que será sorveteria mas chocolataria, comprar mas vender e partir, cáqui e não caqui (fruta) — norma idiomática aqui do Sul —, ob**ê**so e não ob**é**so, alm**ô**ços e não alm**ó**ços. Ou ao contrário.

Cada comunidade, por zonas e grupos (dialetos ou falares e gírias), é soberana em suas normas de linguagem. Quem viver de fora e quiser conviver, que se acomode. Canequinhas, digamos, terá suas normas, e o homem da capital que se mudar para lá terá de adaptar-se ao linguajar normal canequinhense.

Isto é o que se pode escrever sobre a língua falada: é sempre a adaptação ou a normalização de um sistema lingüístico, um conjunto de instruções locais sobre como falar. Uma "gramática" regional. Não faz sentido querer impor uma "gramática", ou seja, norma de fora.

Como se coloca então o problema das zonas culturalmente atrasadas, digamos, analfabetas? Não é preciso ensinar-lhes os padrões de boa linguagem?

Não se vai ensinar que o "certo" é **Nós fomos embora** e não **Nóis fumos imbora**? Que **déis milhão** é errado, o certo é **dez milhões**? Etc.

A maneira correta não será impingir simplesmente outra gramática — outro conjunto de regras de bem falar —, por mais culta, isto é, representativa de uma sociedade de alto nível. O correto, ou, antes, o sensato, é cuidar do seu desenvolvimento. Crescimento lingüístico implica crescimento cultural. Ou melhor, crescimento lingüístico supõe crescimento humano integral. Antes de dar uma boa linguagem, demos uma boa formação. Formemos indivíduos cultos, livres, responsáveis, e teremos uma linguagem de cultura, liberdade e responsabilidade.

Ensinar uma língua bonita e elevada à gente que vive à margem da beleza e do pensamento nobre é tempo perdido. Dêem às escolas verdadeira formação, propiciem crescimento humano integral — e automaticamente estarão ensinando uma linguagem melhor.

Recado ao amigo Jockymann:* Eu, "inimigo irredutível do gol-golos"? Aí vai confusão. Acho **gol** (mas com **o** aberto) um aportuguesamento normal. Se for com **o** fechado, escreva-se "goal", porque é inglês. Agora, **gol** não faz dupla com **golos**: o par deste é **golo**, gauchismo que os angliparlas estranham. (Afinal, vivemos uma violenta fase de anglicização!)

Minha implicância mesmo é com a grafia "gols", que — repito pela derradeira vez — é um raso erro de ortografia inglesa...

***

O problema do certo/errado em linguagem tem dupla face: um aspecto interno e um aspecto externo. O sistema da **língua** e as circunstâncias atuais de cada ato de fala. O sistema tem a sua lei, ou melhor, as suas normas prévias, abstratas. As outras normas vêm do exterior: da comunidade, do(s) ouvinte(s), da situação ou momento (cerimonioso ou sem-cerimônia, formal ou informal), do assunto, dos objetivos do ato de comunicação, etc.

Uma construção pode obedecer cem por cento às normas do sistema, e no entanto falhar quanto às normas externas — clareza e funcionalidade do falar. Assim: **Vi-o** é perfeito, observação restrita das normas do idioma padrão culto. Funciona na realização escrita, mas não na oral. Falado, **vi-o** confunde-se com **viu**. Da mesma forma **Eu o vi**: **o vi**, pronunciado, confunde-se com **ouvi**. Eis por

---

* Sérgio Jockymann, jornalista, romancista, poeta e teatrólogo. (N. C.)

que na língua falada surgem os "erros" (entenda-se) **vi ele** e (Eu) **lhe vi**. No padrão culto resolve-se o problema (funcional) transformando (Eu) **vi-o** e (Eu) **o vi** em (Eu) **vi a ele** e (Eu) **vi o senhor (ou você)**, conforme o caso. Ou simplesmente **Vi**, com a supressão do objeto direto, tão comum no português falado do Brasil.

Parece-me que, da mesma forma, é perfeito como observância estrita das normas do idioma padrão culto (correção interna). Mas é menos expressivo, menos enfático, do que **A mim me parece que...** ou **Parece-me a mim que...** (adequação expressiva). Pela mesma razão se explicam as figuras de sintaxe: anacolutos (Eu, ninguém me consultou!), pleonasmos (Saia já daqui pra fora!), inversões, silepses, etc.

Quem se restringisse à correção interna (regras do sistema) acabaria falando ou escrevendo como um robô. É preciso adequar, adaptar as normas primeiras (do sistema) às normas segundas (das circunstâncias atuais de cada ato lingüístico). Estas últimas normas (fisicossociopsicológicas) é que humanizam a língua, lhe dão o calor atual. Aí cada um fala como cada um. E fala, adaptado, o mais possível, ao ouvinte, à região, ao momento, ao meio social (seu e do ouvinte), ao assunto, às finalidades (persuasão, emoção, simples participação, etc.), e outros fatores circunstanciais.

Dir-lho-ei, deu-no-lo, **eu falo-te** são construções corretas segundo o critério lingüístico interno, mas inadequadas à fala brasileira. **Dize-me, filho meu, pretendes freqüentar no corrente ano a escola maternal?** tem correção interna mas não adequação à linguagem infantil. **Fulano de Tal, vem (ou venha) à mesa** é inadequado na hora da composição de uma mesa de honra para presidir uma sessão festiva.

Tudo isso, qualquer falante sensato e psicologicamente ajustado sente com clareza. Estou apenas conscientizando e exemplificando mais claramente. O problema da linguagem não é apenas de certo/errado (correção interna ou gramatical), mas também de ajustamento às circunstâncias atuais do ato de comunicação (correção externa ou adequação).

No apuro do falar e do escrever, mais importante que a rígida obediência às normas gramaticais é a adequação e a eficiência (economia + expressividade) expressionais.

O melhor falante é aquele que, autêntico nas idéias e nos sentimentos, sabe, em cada situação, entre as variantes idiomáticas, escolher as mais adequadas e eficientes, e as emite com boa dicção e técnica vocal.

***

Cada comunidade, cada grupo social é autodeterminado em matéria de língua falada. Seus membros não podem esperar por uma norma de fora. Sua própria maneira de falar constitui a sua norma. Os indivíduos que vierem de fora é que deverão se ajustar a essas normas intragrupais ou intracomunitárias.

Quando os membros desses grupos ou comunidades entrarem em contato com membros de outros grupos ou comunidades, só então se esforçarão por "corrigir" (= ajustar) a sua linguagem segundo um padrão neutro intergrupal ou intercomunitário. Aí o gaúcho evitará falar guasca, e o carioca deixará seu carioquês.

Tão autodeterminadas são as línguas faladas, que vou fazer a seguinte afirmação, que talvez chocará (como chocam certas lisas verdades):

Nenhuma língua (falada) do mundo, nunca jamais em tempo algum (é intencional a ênfase) tomou conhecimento, não toma conhecimento, nem tomará conhecimento daquilo que a seu respeito legislaram, legislam ou legislarão as gramáticas e os gramáticos.

Isso pode ser profundamente decepcionante para os gramáticos. Mas é, repito, uma lisa verdade. Só não crêem nela os que não conhecem a vida e os que pretendem ignorar a história de todas as línguas do mundo.

Abram as gramáticas antigas, folheiem as rabugices dos puristas: tudo o que malsinavam aquelas folhas amarelas está verdejando hoje nas frondes cheias de vida e viço. Morreram os requintes artificiosos, mas ficou a verdade singela.

A gramática da língua é um grande repertório de instruções sobre como construir e pronunciar as frases no ato da comunicação oral, e secundariamente como escrevê-las no ato da mensagem escrita. Cada falante recria esse repertório como que reimprimindo uma edição pessoal (idioleto) dessa obra coletiva.

Isto quer dizer que a autoridade ou juiz dessas normas não é ninguém: são todos. Sob a forma de coerção social, esse patrimônio é mantido e resguardado. Por isso podemos afirmar que nenhum falante ou escritor é, por si mesmo, autoridade ou árbitro de sua língua. Sua prática e seus julgamentos só se justificam enquanto emanarem do poder coletivo.

Se um grande escritor erra, o erro não deixa de o ser por isso. Se um falante culto perpetra uma silabada ou um solecismo, não está *ipso facto* absolvido o solecismo nem a silabada. "Também o grande Homero de vez em quando cochilava." Não deixava, por isso, Homero de ser Homero, e o cochilo de ser cochilo.

Esteve muito em moda noutros tempos o pretender justificar erros à custa dos cochilos dos clássicos. Ninguém que reflita um pouco sobre a verdade da língua pode aceitar um critério tão desarrazoado.

Errar por errar, antes errar com a maioria dos falantes do que com uma estrela solitária. Pelo menos assim é em linguagem. O que entoa com a maioria, com a grande orquestra coletiva é que faz bem ao ouvido, soma harmonia.

Em matéria de linguagem vale a norma da elegância britânica: não chamar a atenção sobre si, nem por de mais, nem por de menos. Nem gravata muito ajeitadinha nem sapatos brilhosos demais. Nem fala afetada, pronúncia de jornal falado, nem linguagem abastardada, gramática e vocabulário de galpão.

Os condenados são os pedantes e os ignorantes.

BREVE TEORIA — LINGUAGEM, LÍNGUA E FALA

LINGUAGEM Ser eminentemente social, o homem precisa, para (sobre)viver, comunicar-se com seus semelhantes. Para isso ele tem um dom de natureza: a faculdade de (re)criar e manipular sistemas de comunicação. Essa faculdade criativa é a linguagem. O homem é um ser de linguagem.

Não só para se comunicar com seus irmãos tem o homem a faculdade da linguagem. Esta lhe serve também, e primariamente, para estruturar seu mundo interior. Serve-lhe para pensar e conhecer. E sempre para, previamente, construir no espírito o que vai exteriorizar.

Função interna e externa da linguagem: função, primeiro de pensar (cogitativa) e, depois, de comunicar (comunicativa).

LINGUAGEM: VERBAL/NÃO-VERBAL A comunicação pode efetivar-se mediante gestos, batidas, assobios, cores e outros sinais, e pode fazer-se por meio de palavras: linguagem verbal esta, e linguagem não-verbal a outra. A primeira é específica do homem, linguagem na verdadeira acepção da palavra: a "linguagem dos animais" releva antes de um uso figurado do termo.

COMUNICAÇÃO: EMISSOR/RECEPTOR A comunicação só é possível na base de um sistema de sinais convencionados: é por meio de um código que se transmitem mensagens.

O código mais perfeito é o de sons vocais. Por meio dele, o falante (emissor) elabora (codifica) a mensagem para, usando convencionalmente a voz, emiti-la aos ouvidos do destinatário (receptor); este decifra (decodifica) mentalmente a mensagem, para, se for o caso, elaborar a sua mensagem (resposta) e transmiti-la ao seu interlocutor. É o circuito da comunicação.

Alternadamente, os interlocutores são falante (emissor) e ouvinte (receptor), ouvinte e falante. É a conversação, o diálogo. Não havendo alternância, mas apenas um comunicante ativo, temos a difusão (conferências, discursos, rádio, jornal, etc.).

O monólogo e o discurso interior — monólogo em voz alta e monólogo silencioso ou interior — não passam de variantes da conversação.

LINGUAGEM: FACULDADE/CRIAÇÕES A linguagem, como disse atrás, é um dom inato do ser humano, faculdade de (re)criar e manipular sistemas de comunicação.

Toda faculdade se manifesta e comprova em realizações próprias. Distinguimos assim, sob o termo amplo de "linguagem", de um lado a faculdade própria do ser racional e, de outro, as criações, produto dessa faculdade. A capacidade de fazer ("faculdade" radica em *facere*, fazer) e o fazer lingüístico: os códigos (re)criados e cada mensagem.

LINGUAGEM: LÍNGUA/FALA Toda comunicação se realiza por meio de um sistema de sinais convencionados. Para que seja possível uma mensagem é preciso haver um código.

Ao código de comunicação verbal chamamos língua. Toda língua é um "sistema de sons vocais" previsto para facultar a comunicação entre as pessoas.

Comunicar-se oralmente é usar um desses sistemas de signos vocais. Isso requer um conhecimento prévio de sinais, comum a todos os falantes, e cada ato circunstanciado de comunicação é absolutamente individual.

Assim, em comunicação, há código e mensagem; em linguagem, língua e fala. E, levado em conta o domínio individual do sistema coletivo por parte de cada falante, distingue-se ainda entre competência e desempenho, entre o saber e o atuar lingüísticos, o saber-falar e o falar.

São as clássicas "langue"/"parole", de Ferdinand de Saussure, e "competence"/"performance", de Noam A. Chomsky.*

---

* Ferdinand de Saussure (1857-1913) é considerado um dos fundadores da lingüística moderna. A obra de Saussure enfoca sobretudo o signo lingüístico e estabelece uma classificação que permite distinguir os diversos aspectos da linguagem. Noam Avram Chomsky (1928-) é lingüista, matemático e filósofo, e tornou-se conhecido por um sistema da análise lingüística tradicional, relacionando-o com filosofia, lógica e psicolingüística. (N. C.)

SISTEMA LINGÜÍSTICO: ESQUEMA / NORMAS Somente as línguas artificiais são sistemas fixos, sem variantes. As línguas naturais, ao contrário, revelam-se sistemas flexíveis, abertos a variações no tempo e no espaço. O homem evolui e com ele, necessariamente, evolui a língua. Nessa evolução, algo deve subsistir sob pena de se destruir o próprio sistema, impossibilitando a comunicação.

O que subsiste inalterado é uma ampla base abstrata, a que podemos dar o nome de esquema. Toda língua é assim, um amplo esquema de possibilidades sobrepairando a épocas e lugares, sociedades e indivíduos. Estes é que, em lugares e espaços diferentes, vão adaptando o esquema. Ajustando e reajustando as normas do seu funcionamento.

Em todas as línguas temos, pois, o esquema lingüístico (amplo, abstrato) e as normas (particulares, concretas) do seu manejo atual. Sem o esquema, base invariante, as adaptações provocariam o caos na comunicação. Com ele de suporte, podem as línguas evoluir — e sempre evoluem — sem se autodestruírem: atrás do eventual ou do novo há um seguro esquema de referências.

"Toda língua é unidade (esquema) na variedade (normas)."

NORMA: COLETIVA / INDIVIDUAL A adaptação do esquema lingüístico, aqui chamada norma, bifurca-se em coletiva e individual. É certo que, em última análise, a língua só existe de verdade na cabeça de cada falante. Mas o indivíduo partilha esse bem com os seus irmãos: a língua é um bem comum, e é a faceta "com-unidade" que valida todo e qualquer sistema lingüístico como instrumento de "participação" social.

Temos, assim, a partir de um sistema coletivo, a adaptação individual por parte de cada membro da coletividade. Uma norma coletiva ("socioleto"), suporte da base da norma individual (idioleto — como se tem chamado).

NORMA COLETIVA: NACIONAL / REGIONAL No plano da norma coletiva, é natural que distingamos entre o que é comum a toda uma nação (idioma) e o que é peculiar a determinadas regiões (dialetos). O cotejo das variedades lingüísticas regionais evidenciará um amplo cabedal de elementos repetidos, comuns: é o patrimônio ou substrato nacional, que dá suporte às diferenciações regionais, assim como o "esquema" lingüístico sustenta as "normas".

Na diversificação regional, podemos ainda distinguir entre o macrorregional e o microrregional, ou seja, entre amplas zonas de unidade lingüística e cada comunidade de falantes. Distrações para as quais podemos usar os termos usuais de dialetos e falares, se bem que numa semântica estritamente condicionada ao presente quadro de oposições, bastante afastada da semântica habitual.

Percorrido assim, rapidamente, o campo da comunicação verbal, chegamos a uma linha de termos tradicionais, redefinidos uns em relação aos outros, de acordo com o sistema exposto:

LINGUAGEM → LÍNGUA → IDIOMA → DIALETO → FALAR → IDIOLETO → FALA.

ou, a faculdade de comunicação verbal, o esquema lingüístico, as normas coletivas nacional, regional e local, a norma individual e o ato de comunicação verbal.

Aplicado isso à nossa língua, temos: o amplo esquema da língua portuguesa, com os idiomas luso e brasileiro, os dialetos lusitanos (minhoto, trasmontano, beirão, etc.) e brasileiros (nordestino, fluminense, sulino, etc.), os falares locais (porto-alegrense, uruguaianense, curitibano, brasiliense, etc.), a língua como cada um a tem interiorizada (idioleto), e cada ato circunstanciado de fala (expressão ou discurso).

NÍVEL: CULTO / INCULTO A série distintiva "língua, idioma, dialeto, falar", para efeito classificatório das variantes lingüísticas, e de critério espacial, geográfico. Problema de geografia lingüística ou geolingüística: as variações que assume um sistema em pontos geográficos diferentes.

Além dessa variabilidade geográfica, existe outra, de natureza social: as várias camadas sociais espelham-se em camadas lingüísticas (já que toda língua retrata as realidades humanas). A estratificação social determina uma correspondente estratificação lingüística.

Problema, agora, de sociologia lingüística ou sociolingüística.

Toda estratificação sociolingüística é mais ou menos complexa. Mas, simplificando as coisas para o essencial que aqui interessa, podemos adotar a dicotomia nível culto/nível inculto, tomando por critério o fato cultural da leitura: os falantes que lêem (escolarizados, etc.) e os analfabetos. Nos primeiros, a imagem gráfica da língua é um sólido fator de coesão e disciplina.

MODALIDADE: ORAL / ESCRITA A distinção anterior conduziu naturalmente para a oposição língua falada/língua escrita. Esta, fruto natural de uma cultura e de uma civilização mais desenvolvidas, surge normalmente em "agrupamentos humanos compactos e estáveis, com uma indústria relativamente desenvolvida, um comércio ativo e um Estado organizado, em resposta às necessidades da civilização urbana" (Marcel Cohen, *L'Écriture*. Paris, 1953).

Todavia, tenha-se sempre em vista que a língua oral é a realidade primeira (na vida dos povos como na dos indivíduos) e que a escrita é posterior, representação secundária — pobre, sem os recursos da voz e da mímica — da verdadeira língua subjacente.

Na língua escrita, distingue-se ainda entre comum e literária; essa, caracterizada por um maior cuidado formal e, sobretudo, pela elaboração estética, que dota a linguagem de um efeito de transfiguração expressiva (capacidade de transpor o leitor ao mundo da "ficção").

REGISTRO: FORMAL/INFORMAL Na comunicação oral, os mesmos falantes podem usar a mesma língua de maneira bastante diversa: ou falam à vontade, livremente, ou de alguma forma policiam a sua linguagem. Diferença decorrente das situações de fala: a rua e a assembléia, o lar e a cátedra, o bar e o púlpito, o papo amigo e a conferência erudita pedem linguagens diferentes. É um problema de adequação do instrumento (código) aos objetivos visados (comunicação): uma fala formalizada prejudicaria a intimidade de uma comunicação afetiva, assim como uma fala informal, descontraída (do tipo gíria, por exemplo), desafinaria com a objetividade e precisão de uma exposição científica.

VARIANTES IDIOMÁTICAS Um dos princípios que regem o sistema de qualquer língua é a economia. Elementos desnecessários acabam normalmente alijados. Ainda assim, sobra abundante material de luxo. Na verdade, não é material morto: está à disposição dos falantes ou dos escritores para emergências de expressividade. Não fora assim, não haveria variantes idiomáticas. Pode-se dizer que todos os sistemas lingüísticos são luxuosos, suntuários.

Essa superabundância causa perplexidades ao homem comum, mas é uma bênção para os artistas da palavra, que assim têm a faculdade de escolher. E o poder escolher é fundamental em arte.

Seria da maior utilidade conhecer a opinião dos escritores sobre as variantes da língua. Pena é que haja poucos pronunciamentos explícitos. O jeito é examinar nos escritos as opções em cada caso. É trabalho para a estilística.

Vimos em outro artigo como Nelson Rodrigues percebeu a diferença entre bêbedo e bêbado. Hoje é a vez de Manuel Bandeira. Vejam o que ele sentiu a respeito de Capiberibe e Capibaribe.

"Na Evocação do Recife as duas formas, Capiberibe/Capibaribe, têm dois motivos. O primeiro foi um episódio que se passou comigo na classe de Geografia do Colégio Pedro II. Era nosso professor o próprio diretor do Colégio — José Veríssimo. Ótimo professor, diga-se de passagem, pois sempre nos ensinava em cima do mapa e de vara em punho. Certo dia perguntou à classe: 'Qual é o maior rio de Pernambuco?'. Não quis eu que ninguém se me antecipasse na resposta e gritei imediatamente no fundo da sala: 'Capibaribe!'. Capibaribe com 'a', como sempre tinha ouvido dizer no Recife. Fiquei perplexo quando Veríssimo comentou, para grande divertimento da turma: 'Bem se vê que o senhor é um pernambucano!' (pronunciou 'pernambucano' abrindo bem o 'e'), e corrigiu: 'Capiberibe'. Meti a viola no saco, mas na Evocação me desforrei do professor, intenção que ficaria para sempre desconhecida se eu não a revelasse aqui. Todavia, outra intenção pus na repetição. Intenção musical: Capiberibe, a primeira vez com 'e', a segunda com 'a', me dava a impressão de um acidente, como se a palavra fosse uma frase melódica dita da segunda vez com bemol na terceira nota. De igual modo, em Neologismo o verso 'Teadoro, Teodora' leva a mesma intenção, mais do que de jogo verbal" (*Itinerário de Pasárgada*. Rio de Janeiro, 1957).

A passagem citada é a seguinte:

"Capiberibe
Capibaribe
Lá longe o sertãozinho de Caxangá
Banheiros de palha."

À primeira vista poderia parecer livre a opção entre as variantes. Mas nunca é assim. Na língua comum há que adaptar-se. A linguagem perfeita é antes adaptação ou adequação do que correção. O melhor falante é aquele que em cada situação de fala escolhe as variantes idiomáticas mais adequadas. Adequadas a quê? Ao ouvinte, ao assunto, às circunstâncias (local, momento, etc.) e às finalidades da comunicação.

Há quem ensine: o certo é enfêcho; enfecho (com 'e' aberto) é errado. Errado é ensinar assim. Se na comunidade a maioria pronuncia fecho, fechas, fecha com 'e' aberto, então é errado e pedante pronunciar fêcho, fêchas, etc.

"Mas está no livro X."

Não interessa o livro X, nem o livro Y. Interessa é a vida.

Vejam o caso da minha rua. Leva o nome da terra de Capistrano de Abreu e de Chico Anísio: Maranguape. Maranguape, nome geográfico cearense, é cidade, rio e serra. Como vocábulo é paroxítono, sílaba tônica no 'a'. Mas aqui todos pronunciam "Maranguapé". Que devo fazer? Acertar o passo com o povo, aprender dele. Nada impede que na escrita — que é outro nível e outra realidade — acerte o passo com a geografia nacional.

Sabemos desde Einstein que tudo no mundo da ciência é relativo. Só no mundo da ciência? Claro que não. Podemos omitir aquele restritivo: tudo neste mundo é relativo.

Não há grandezas absolutas. Tudo é relativo.

Contudo é preciso ater-se à verdadeira semântica de "absoluto" e "relativo". Nada de interpretações subjetivas, de conotação.

"Nada é **absoluto**" quer dizer "nada existe desligado, solto, estanque". Tudo está ligado a outra(s) coisa(s), referido, relacionado: "tudo é relativo".

Alguns, quando tachados de pessimistas, reagem prontamente: "Não sou pessimista; sou é realista!", e é como se exprimissem um insofismável auto-elogio, tal a sua segurança empertigada: "Sou realista!".

Ora, o realismo, normalmente, esgota-se na rasa visão da superfície. Observar com toda a atenção, descrever fiel e minuciosamente, é onde termina o "real". O que é isso? Exatamente uma visão superficial — no sentido denotativo a estender-se, ao natural, aos sentidos conotativos.

A visão "realista" não deixa de ser uma visão "ingênua". O que os nossos sentidos percebem é apenas a pele, a casca das coisas. Li em Piaget — não me lembro onde — que a sabedoria não está no realismo, e sim no relativismo. É preciso ver tudo em termos de condicionamento, de relacionamento funcional. É preciso ver tudo estruturado em função de objetivos.

Isso vale também para a linguagem — e é o que traduzo com a expressão relativismo lingüístico. Simplesmente reconhecer os fatos, registrá-los com fidelidade, é apenas um passo inicial. O mais importante consiste em relacionar os fatos, descobrir razões e causas, em busca de explicações. Caso contrário, o investigador se confina a uma visão ingênua, superficial.

Escrevi outro dia que **toda língua é uma soma de variantes** ("unidade na variedade", dizia Schuchardt*). E, como toda língua é governada por uma **gramática** ("conjunto de regras que prevêem todas as frases possíveis..."), posso dizer também que **toda gramática é uma soma de gramáticas**.

As convicções de relativismo lingüístico nos impedirão de ver os fatos de linguagem de maneira absolut(ist)a, isto é, desligados de outros fatores — psicológicos, sociológicos, econômicos, históricos, culturais, etc.

---

* Hugo Schuchardt, filólogo alemão (1842-1927). (N. C.)

Alguém me escreve sempre ter ouvido dizer que "todas as gramáticas afinam pelo mesmo diapasão". Não: isso é apenas um ideal, uma utopia. As variantes socioculturais acarretam variantes lingüísticas, variantes de gramáticas. Só ficando nos extremos: há uma gramática dos cultos, e há uma gramática de analfabetos (todos sabemos isto, de "experiência vivida", e no entanto é incrível como certas pessoas se negam a reconhecê-lo). E faço questão de acrescentar o que já escrevi de outra feita: **a gramática dos analfabetos é lingüisticamente perfeita** (não fosse, não permitiria a comunicação) **e mais evoluída que a gramática dos cultos**.

É certo que na gramática culta forçamos mais a uniformização e a disciplina, sobretudo através do ensino. E a escrita ajuda enormemente o esforço conservantista das classes dominantes. Daí deriva uma convicção bastante difundida de que a gramática é uma só e que todos devem "afinar pelo mesmo diapasão". Tudo o que dela se afasta está errado. E, como todos nos afastamos dessa gramática ideal, "todos falamos errado". Vejam que se trata de "erros relativos" (relativismo lingüístico): o que se fala é errado em relação à escrita. Como o que falam os analfabetos é errado relativamente ao que falam as pessoas cultas. Etc., etc., etc.

II
Gramática: Novas Idéias

NOVOS CONCEITOS EM GRAMÁTICA

AS DUAS GRAMÁTICAS: GRAMÁTICA E GRAMÁTICA Para não baralhar as noções, devemos distinguir nitidamente entre duas acepções básicas do termo gramática.
Esta palavra significa:
1. O conjunto das regras que "geram" ou enumeram as frases possíveis numa língua, ou as regras que os falantes de uma língua devem observar para produzir frases aceitáveis ou corretas;
2. O livro ou disciplina que registra ou descreve esse conjunto de regras.

A primeira gramática é um **saber lingüístico**, a "competência" ou capacidade de formar frases. A tradicional "arte de falar ou escrever corretamente".

A segunda gramática — ou Gramática, com inicial maiúscula, porque nome de disciplina — é um tratado, descrição, estudo, disciplina, que tem por objeto a primeira gramática.

A Gramática disciplina ou livro só vale, obviamente, como registro exato ou cópia fiel da gramática competência ou saber lingüístico.

É como se os falantes de uma língua tivessem cada um na cabeça a sua edição da respectiva "gramática".

Antes de estudar a **Gramática** nas escolas ou nos livros, os falantes vão se apropriando de **gramática** por via auditiva na comunicação cotidiana.

A audição continuada de frases vai imprimindo uma edição da gramática da língua na mente dos falantes, já provida de uma estrutura adequada (a estrutura mental é uma estrutura lingüística).

É o que os transformativistas chamam de **interiorização da gramática**, ou seja, do sistema de regras ou mecanismo gerador de frases.

Mecanismo gerador de frases, ou simplesmente **gerador de frases** — eis um bom sinônimo para "gramática" ou "língua" no sentido chomskiano.

FRASES GRAMATICAIS E AGRAMATICAIS A "gramática" que o falante-ouvinte interiorizou é um saber lingüístico: um saber construir frases e um saber interpretá-las.

Um saber dar mensagens e um saber decifrá-las, analisá-las, entendê-las.

Ou, como se diz na moderna teoria da comunicação, um saber **encodizar** e **decodizar** mensagens.

Esse saber implica um discernimento de correção, um distinguir entre correto e incorreto, certo e errado.

Qualquer indivíduo que interiorizou cabalmente as regras de uma língua saberá distinguir entre frases aceitáveis ou bem formadas e frases inaceitáveis ou malformadas.

Qualquer conhecedor da língua portuguesa sabe que **O menino dorme** é uma frase bem formada, correta, e que **O dorme menino** é malformado, incorreto. Uma não-frase.

Uma frase bem formada é uma frase **gramatical**. E **agramatical**, **ingramatical** ou **não-gramatical** é qualquer frase malformada, incorreta.

Gramatical/agramatical no sentido de construído segundo ou contra a **gramática** (conjunto de regras) em jogo.

GRAMÁTICA E INTUIÇÃO Mas que critério é esse de correção? Não é a história, nem o livro, nem a autoridade, nem a estética, nem...

Julgam-se as frases de acordo com o que está na consciência idiomática dos falantes. De acordo com as regras que eles conhecem e dominam.

Os falantes nativos são os verdadeiros e únicos juízes competentes na matéria. Eles dirão ao adventício ou ao lingüista se tal ou tal frase é aceitável ou não.

E nem sempre o julgamento será claro: há casos dúbios, intermediários. Porque há graus de gramaticalidade: não só frases corretas e incorretas, mas também "mais ou menos corretas".

Em outros termos: a nova gramática tem como critério de correção a **intuição** lingüística dos falantes nativos, a sua sensibilidade idiomática.

O melhor falante é o mais autorizado juiz em matéria de regras da sua língua.

Com base no código ou no mecanismo gerador de frases que ele domina, sabe julgar a atuação lingüística, sua ou alheia.

Tem na mente um padrão que lhe diz se uma frase é boa ou má, gramatical ou ingramatical.

Daí a tarefa do gramático, no sentido mais moderno ou simplesmente no sentido mais preciso: descrever de alguma forma a intuição do falante a respeito de sua língua, ou seja, enumerar, explicitar as regras que os falantes nativos dominam intuitivamente para fazer frases no seu idioma.

GRAMÁTICA DESCRITIVA E EXPLICATIVA Do exposto aqui infere-se a capacidade explicativa da nova gramática.

Explicitando o sistema de regras ou o mecanismo segundo o qual o falante constrói as frases, essa gramática fornece ao mesmo tempo a explicação do que se passa.

A gramática gerativa transformacional é, de sua natureza, genética e explicativa: desvenda a gênese da frase e, com isso mesmo, a sua explicação.

Não assim a gramática estrutural e qualquer outra puramente descritiva, que se contentam de analisar frases construídas: mostram "como" se acham estruturadas, sem nunca alcançarem "por que" o foram assim e não de outro modo.

Além disso, esclarecendo as diversas maneiras como as frases se constroem, a nova gramática naturalmente capacitada a analisar frases construídas.

Isto é, abre caminho para uma verdadeira análise sintática. Uma análise sintática realmente satisfatória.

E, o que é bem mais importante, habilita a emitir juízo de valor sobre as construções sintáticas.

GRAMÁTICA TRANSFORMACIONAL E ESTILÍSTICA Daí a importância da nova orientação gramatical também no terreno prático.

Evidenciando como as frases são construídas, e de quantas maneiras o podem ser, esta gramática ensina as técnicas de variar a expressão, o fraseado.

Arte de falar, de escrever, que é isso senão saber escolher a fraseologia mais adequada, e a mais eficiente, para os propósitos em vista?

A nova técnica gramatical instrui como de construções básicas se podem derivar numerosas variantes, conforme as idéias ou sentimentos que se desejam encarecer.

Isso é do maior alcance em estilística.

Em estilística entendida como arte-técnica de escrever ou falar, e em estilística como técnica de analisar e avaliar textos.

Falar e escrever bem consiste em optar sabiamente entre várias possibilidades expressivas.

A arte do poeta, do grande escritor, reside especificamente (não trato de outros requisitos óbvios) na seleção das variantes expressionais para a eficiência do impacto estético verbal.

A arte do grande escritor está nas transformações.

Vai de si, portanto, que a orientação transformacional deverá contribuir poderosamente para a análise e a compreensão do fenômeno literário e para os estudos literários em geral.

GRAMÁTICA E AS DEMAIS CIÊNCIAS HUMANAS Penso, aliás, que as ciências humanas em geral sofrerão benéfica influência do novo método.

O estruturalismo, oriundo da lingüística, revolucionou a antropologia, a etnografia, as ciências econômicas, a psicologia e outras ciências do homem.

Outra revolução, e bem mais significativa, deverá deflagrar o transformacionalismo.

Ao invés de ver no homem um escravo e prisioneiro das estruturas, robô de um mecanismo determinista — à maneira do estruturalismo —, o transformativismo encara o homem como criador e transformador de estruturas, encarece a sua força criadora e inovadora, sua livre determinação na expressão do mundo e de si mesmo.

UMA GRAMÁTICA SATISFATÓRIA: CONDIÇÕES E REQUISITOS Para preencher suas finalidades, deve a gramática ser explícita, exaustiva e ao mesmo tempo tão simples quanto possível.

Explícita: possibilitando a geração automática de todas as frases possíveis. Nada deixando subentendido ou a adivinhar.

Suas instruções devem ser completas e suficientes, nem deficientes, nem excessivas.

Instruções tão perfeitas que um computador, alimentado delas, possa gerar quaisquer frases da língua respectiva.

Exaustiva: deve enumerar todas as regras, cobrir todos os fatos da língua.

É insatisfatória a gramática que, com os exclusivos recursos de suas instruções, não permite gerar toda e qualquer frase correta da língua.

O elenco das regras deve ser cabal, exaustivo.

Explícita, exaustiva e, contudo, **simples**: de duas gramáticas que arrolam as regras da mesma língua, é a melhor aquela que o faz com maior simplicidade, a que tem regras mais gerais, mais abrangentes e mais poderosas.

Simples também no sentido de abreviado, o estrito necessário: não dando quinhentas e uma regras se quinhentas bastam.

Pois bem: enumerar todas as regras da língua — e bem explicitamente —, nem mais, nem menos. Eis o objetivo da gramática transformacional.

LINGUAGEM: PRODUTO E CRIAÇÃO Linguagem como conjunto de frases construídas e linguagem como conjunto de instruções que permitem construir um número ilimitado de frases.

Eis os dois pontos de vista: o da gramática estrutural e o da gramática ge(ne)rativa. Aquela se ocupa com frases construídas, esta com o poder de construir frases.

É a diferença entre **estados** e **operações**. Entre luz acesa ou apagada e a operação de acender e apagar luzes.

A gramática estrutural é uma gramática de estados. A gramática transformacional é uma gramática de operações.

É óbvia a superioridade da segunda: explicando ou prevendo as operações, ela fornece os meios de descrever os estados decorrentes.

O inverso não é verdadeiro: posso descrever uma luz acesa ou apagada e não saber o que seja acender ou apagar luzes.

A importância da orientação gerativa ou gerativa transformacional em gramática está justamente em conceber a linguagem como criação.

É uma corrente idealista, espiritualista, como o foram as de Humboldt (que distinguia entre **érgon** "produto" e **enérgeia** "capacidade de produzir"), Vossler, Spitzer e Groce nas respectivas épocas.*

Depois do pragmatismo, do amentalismo e do mecanicismo da corrente estruturalista, é a volta ao reconhecimento do poder criador do homem.

Cada frase é um ato de criação. E cada frase gerada pela "competência" do falante constitui uma **novidade**, é uma frase totalmente nova, embora já tenha ocorrido e não importa o número de vezes.

Esta é a característica fundamental da linguagem humana — a sua permanente **novidade**.

---

* Wilhelm von Humboldt (1767-1835), Karl Vossler (1872-1949), Leo Spitzer (1887-1960) e Benedetto Croce (1866-1952). (N. C.)

A criança que começa a falar produz frases inteiramente novas. Ela não repete como um papagaio.

E eis o papel do ensino das línguas: desenvolver a capacidade criadora do falante na e pela linguagem.

Fica evidente a importância da nova orientação gramatical na educação e no ensino.

Criatividade da linguagem: qualquer falante é capaz de compreender e de produzir mensagens que nunca foram formuladas anteriormente.

Uma gramática perfeita seria (seria, porque não existe por enquanto) aquela que desse conta do fenômeno.

AS GRAMÁTICAS TRADICIONAIS Por incrível que pareça, a gramática tradicional está mais próxima dessa nova gramática do que a chamada gramática estrutural.

Na gramática tradicional também se procede dedutivamente, partindo das regras para as frases. E julga-se a correção das frases de acordo com as regras que as governam.

O gramático tradicional nunca chegou à heresia do estruturalista, para o qual não há frases corretas nem incorretas, mas simplesmente frases, isto é, fatos lingüísticos tais quais ocorreram.

Também a gramática tradicional se fazia na base da intuição: os gramáticos explicam as regras da sua própria língua, baseados no conhecimento intuitivo dela.

Naturalmente, o transformacionalista leva uma grande vantagem: ele aproveita na sua descrição toda a técnica científica apurada pelo estruturalismo.

Costumo representar isso da seguinte forma: **gramática tradicional + gramática estrutural = gramática transformacional**.

O princípio geral ou critério dedutivo da gramática tradicional, mais a técnica rigorosa ou o instrumental científico da gramática estrutural — eis o que é a gramática transformacional.

Os cartesianos tinham razão nas suas afirmações básicas. Faltou-lhes um método rigoroso, uma técnica científica na descrição gramatical.

GRAMÁTICA UNIVERSAL E PARTICULAR E assim se volta ao natural à convicção cartesiana: há uma **gramática universal** humana, anterior e subjacente a todas as gramáticas particulares das diversas línguas, e mesmo a todas as gramáticas possíveis.

Toda e qualquer língua não passa de uma particularização ou restrição da gramática humana universal.

Compartilhando todos os homens de uma mesma base neurocerebral e muscular para a atividade lingüística, é de supor que esta se baseie numa estrutura "gramatical" (o que vale dizer "lingüística") comum.

É o pressuposto do universalismo das estruturas lingüísticas, da **gramática das gramáticas**, da gramática da capacidade humana de linguagem, segundo Chomsky.

E é a teoria dos **universais lingüísticos**, conjunto dos fenômenos comuns a todas as línguas reais ou possíveis.

Universais lingüísticos materiais — elementos: sons, palavras, categorias, significados — e universais formais — regras segundo as quais se constroem frases com esses elementos.

APREENSÃO DA LÍNGUA: O APRENDIZ E O LINGÜISTA Toda língua é uma forma particular, restrita, da gramática geral humana. Esta, constituída de princípios gerais de organização e interpretação, é inata ao homem.

Tais princípios, organizadores e interpretativos, são como "sentidos" da mente, comparáveis aos sentidos do corpo — ver, ouvir, cheirar, tocar. Desenvolvem-se com a experiência, em contato com a realidade exterior.

E são a condição prévia de todo aprendizado: "Não se nos pode ensinar nada cuja idéia não tenhamos já em nossa mente" (Leibniz). A mente de certa forma já conhece virtualmente noções como, por exemplo, as verdades geométricas: o triângulo modelo, perfeito, está na mente: os que vamos encontrar são todos imperfeitos.

Todo conhecimento, por isso, é reminiscência — como queria Platão. E também por isso, "a todo instante a mente expressa todos os seus pensamentos futuros e pensa já confusamente tudo aquilo que pensará um dia com clareza" (Leibniz).

Isso explica o fato de, muito cedo, as crianças mostrarem saber muito mais do que lhes foi ensinado. Grande parte do que elas aprendem é adquirido totalmente à parte de qualquer instrução explícita.

Os estímulos externos não criam nada, só servem para ativar mecanismos inatos. O segredo da educação é, por isso mesmo, estimular capacidades, atualizar potenciais, "lançar uma faísca à alma" (A. W. Schlegel*).

---

* August Wilhelm Schlegel (1767-1845). Filólogo e crítico literário alemão, influenciou o primeiro movimento romântico não tanto por criações próprias, mas pelas apreciadas traduções alemãs das peças de Shakespeare e Calderon. (N. C.)

É o que acreditava também Humboldt: "A aprendizagem é sempre exclusivamente um volver a gerar" e "uma língua não se pode propriamente ensinar, mas apenas despertar na mente".

É isto: toda a língua já está na mente. O homem nasce com a língua, ou antes, com a língua das línguas.

Por isso, qualquer criança ou adulto pode aprender qualquer língua do mundo, e com a mesma facilidade. E todas as crianças aprendem uma delas, aproximadamente na mesma idade.

O adulto tem um pouco mais de dificuldade porque já restringiu o amplo esquema lingüístico inato, e já condicionou peculiarmente seu aparelho fonador e articulador.

Daí também a semelhança entre a tarefa do lingüista e a de qualquer aprendiz de língua — criança ou adulto: ambos recebem (ouvem) os dados de uma língua e a partir deles vão interiorizar a sua gramática. Essa interiorização só é possível na base de um esquema mental prévio ou de uma teoria lingüística (no caso do lingüista) que oriente o trabalho de assimilação, seleção e estruturação.

Em outros termos: o lingüista e o falante aprendiz precisam ir ao encontro da língua com "expectativas" prévias. A mente humana tem inatas essas expectativas, ela tem uma estruturação lingüística. A língua que a criança aprende é uma atualização dessas expectativas.

"Tanto para o lingüista como para o aprendiz, é preciso que a desordem dos dados seja filtrada pela teoria para chegar à ordem da gramática. [...] Para o lingüista, é uma hipótese de trabalho, explanatória dos dados. Para o aprendiz, uma conceituação inicial sobre o que irá encontrar. [...] Com isto, fica postulada uma hipótese bastante ousada e específica sobre o mecanismo da aquisição lingüística: tanto a criança no aprender a falar quanto o adulto no aprender novas línguas só poderiam realizar essa tarefa imensamente complexa se, ao se aproximarem dos dados, já possuíssem um esquema prévio, um pré-conhecimento tácito dos universais lingüísticos. Esse conhecimento, supõe Chomsky, seria inato. O contato com os dados apenas serviria para desencadear a realização do esquema, especificando-o mais e selecionando alternativas. As operações lógicas efetuadas pelo aprendiz seriam não apenas indutivas, mas em grande parte dedutivas, pois consistiriam apenas na justaposição das seqüências acústicas percebidas nos dados com as estruturas já abstratamente previstas no seu arsenal mental inato" (Miriam Lemle, "O novo estruturalismo em lingüística: Chomsky", *Tempo brasileiro*. Rio de Janeiro, n. 15-16, 1967).

Naturalmente são da mais alta relevância os corolários dessa posição doutrinal para o ensino das línguas e mesmo para a educação em geral.

É a negação peremptória das teorias mecanicistas, que consideram a aprendizagem uma fixação de hábitos na base de imitações e repetições, estímulos e respostas, e reflexos condicionados.

Para os transformativistas, o homem nasce falante em potência, dotado de um mecanismo gerador de conceitos-frases. Esse mecanismo entra a funcionar quando em contato com os dados de uma língua determinada, produzindo a aprendizagem desta.

Assim, ensinar uma língua não consiste em fazer repetir frases mecanicamente, mas em estimular o aprendiz, desde cedo, a criar as suas frases.

Porque linguagem é criação.

A ATIVIDADE LINGUÍSTICA: INTUIÇÃO E LÓGICA A mente do homem ao nascer não é, portanto, um vazio. Nem um papel em branco que a vida se encarregará de encher ao acaso.

O crescimento intelectual não é o resultado de um acúmulo progressivo de dados e experiências, nem o desenvolvimento lingüístico é a armazenagem de um vocabulário e de padrões frasais impostos de fora para dentro.

Esse maturar de faculdades não é um aperfeiçoamento ou enriquecimento gradativo de neurônios na assimilação fortuita de dados. Podemos hoje piedosamente sorrir de certas teorias ingênuas.

O homem nasce ente de razão. Nasce munido daquilo que define sua racionalidade: uma estrutura lógica, um esquema de princípios organizadores e interpretativos, um mecanismo formador de conceitos. Os dados e as experiências virão forçosamente, mas serão selecionados e filtrados por esse mecanismo.

A vivência deflagrará no indivíduo os poderes de estruturação mental e intelecção. E a visão do mundo decorrente — a cosmovisão — já será uma linguagem.

Essa estrutura prévia, expectativa de outras estruturas, define a condição racional e raciocinante.

É uma estrutura lógica e é uma estrutura lingüística. Possibilitará o pensar e o apreender significativamente a realidade circunstante e o expressar o interior.

E bastará ao indivíduo atingir certo amadurecimento biológico para estar apto a pôr seu sistema raciolingüístico em funcionamento apreensivo e expressivo.

Será então a linguagem uma atividade racional?

Serão as gramáticas construções lógicas?

Uma das falhas maiores da gramática tradicional, segundo os estruturalistas, é o seu logicismo. E o erro básico dos cartesianos fora entender a língua como um sistema lógico.

Pois bem, retomando as diretrizes cartesianas, o transformacionalismo ratifica o papel da lógica na linguagem.

Certo isso? Acho de bom senso reconhecer esse papel. O mais capacitado em raciocínio lógico é também aquele que saberá construir frases mais organizadas e mais carregadas de conceitos. O inverso é óbvio.

Que é que se faz, espontaneamente, ao duvidar da construção de uma frase? Que é que se faz quando não basta a intuição? Analisa-se a sua estrutura. E que é isso senão raciocínio, lógica?

Sei. É fácil vir com as "ilogicidades" da língua: expressões de sentimento, exclamações, anacolutos, silepses e o resto.

Explicação da gramática transformacional? As frases de emoção (função exteriorizadora ou expressiva da linguagem) e as de vontade (função apelativa) resultam de transformações nas estruturas básicas ou primitivas. Estas são lógicas, racionais.

De linguagem sensitiva e apelativa é também capaz o irracional — na sua comunicação rudimentar. O definidor do homem é a comunicação racional.

O amor, o ódio, a ira, a dor, o medo, o asco agem como transformadores sobre as frases fundamentais. Estas constituem a estrutura específica de todas as línguas humanas.

E enterrar o chapéu na cabeça, cavalgar um burro, embarcar num trem, a barriga da perna ou a boca do estômago, pescar trutas e barbas enxutas, havia, mas existiam problemas, eu é que custei a crer, tudo são festas, etc., etc.?

"Ilogicidades" aparentes. Fragmentos ilógicos se validam no todo lógico da frase. O ilógico consagrado pelo uso se torna lógico.

Às vezes, o "ilogismo" se deve a conflitos entre história e estrutura: mudou o sentido mas ficou a forma, e vice-versa.

Enfim, fragmentos ilógicos nunca anulam a logicidade de uma comunicação humana no seu todo.

Têm, pois, razão os que, em casos de dúvida ou discussão, submetem as construções idiomáticas a um exame lógico.

Ou a uma "análise lógica".

Sim. Até esse nome tradicional, que ainda arrepia a muito entendido em gramática e filologia ou lingüística — até esse nome é inteiramente correto.

O que se faz mesmo, e se deve fazer, na "análise sintática", é uma análise lógica. E sempre foi lógica. Mas de repente os racionais se deram conta de que a linguagem humana era "irracional", "ilógica", e que, portanto, era impossível uma análise lógica do ilógico...

Não. Língua não é Lógica. Mas toda língua tem a sua lógica. Uma lógica que a Lógica pode estranhar. Mas lógica.

Do contrário, como seria instrumento idôneo da racionalidade humana?

COMUNICAÇÃO: PALAVRA E FRASE A língua é o instrumento da comunicação verbal. A comunicação verbal se faz por meio de frases.

Assim, a frase é o produto específico da língua. Sua origem, meta e razão de ser.

Mecanismo gerador de frases. Sistema de regras em número limitado que geram frases ilimitadas (em número e extensão), todas elas corretas e nenhuma incorreta. Assim, como vimos, definem a gramática os adeptos da nova doutrina lingüística.

Também já sabemos que a gramática dessas definições sinonimiza com **língua**.

Trata-se evidentemente de língua em sentido específico, e não vista em seus aspectos exteriores, histórico-socioculturais.

Frase é, portanto, a palavra-chave, o centro de interesse, o princípio e o fim, alfa e ômega da nova gramática.

O novo ensino gramatical, conseqüentemente, deverá girar em torno da fraseologia que não de palavras esparsas, de regras desconexas, e muito menos de sons e letras.

Letras, sons e vocábulos só existem verdadeiramente na contextura frásica, assim como as células, os órgãos e os membros na constituição vital do organismo.

Os sons em função dos vocábulos. Os vocábulos em função das locuções. As locuções em função das frases. As frases em função das estruturas subjacentes. E estas estruturas a serviço das idéias e das emoções a comunicar.

Eis a visão correta da língua. Visão orgânica. Funcional.

As palavras são como pré-fabricados. Não têm interesse em si, mas apenas como elementos para construir as frases — unidades cabais de comunicação.

Esses pré-fabricados foram, por sua vez, construídos com os pré-fabricados mínimos — os fonemas e os grafemas (letras e outros sinais da escrita).

Sons e letras são impostos ao homem. Mas as palavras ele escolhe. E mesmo palavras ele pode transformar, inventar. Porque a unidade menor de significação, com que montam as unidades maiores, não é a palavra.

A unidade mínima de sentido é o morfema. Poderá coincidir com a palavra mas somente quando esta é simples, primitiva.

Além dos vocábulos nessas condições, indivisíveis, o termo **morfema** abrange os radicais, os afixos — prefixos e sufixos —, as desinências e as categorias gramaticais.

Com esse material já portador de significados, pode o falante multiplicar os pré-fabricados verbais, multiplicar o léxico, a serviço da montagem frasal.

E é isso que se chama criatividade lingüística. Porque linguagem é criação.

Mesmo que o falante ou o escritor se contentem com os pré-fabricados que a comunidade já consagrou, ainda assim cada frase sua será uma frase nova, fruto de criação pessoal, única.

Mas há os que não se contentam com o patrimônio herdado. E pelo prazer de criar, ou por necessidade de material virgem, incontaminado, recorrem à potencialidade expressiva do seu idioma para dar novo vigor a suas frases.

E é Oswald de Andrade: tilintantar, norte-americanar, cosmoramar, gondolar, paisajal, sobremarinos...

E é Clarice Lispector: fantasticar, pesadez, vaguidão, viver-de-repente.

E é Guimarães Rosa, sobretudo: fantasiação, brumalva, sonhejar, noturnazã, grandidade, beija-florar, manhãzar, redondante, trestriste, verdolência, vaga-vagar, aurorear...

Não só os gênios literários. Mas qualquer falante. Mesmo as crianças, ouvimo-las todo dia criando seu mundo verbal.

É que a língua, convém repeti-lo, não é um sistema fechado, como sugeria a lingüística tradicional. Mecanismo gerador de frases, a serviço do poder inventivo do homem, é um inesgotável potencial expressivo.

Mas não o esqueçamos: a palavra antiga ou nova, a expressão tradicional ou recém-cunhada são apenas a matéria-prima para se construir a frase.

E a frase se constrói por necessidade de comunicação, de apelo ou efusão sentimental.

E voltamos à verdade inicial, à verdade cuja compreensão e pesquisa valida os rumos e metas da doutrina transformacional: a língua está prevista para permitir ao homem a construção de frases, desde as mais simples até as mais complexas, com as quais ele possa expressar suas idéias e emoções.

Atenta a isso, a Gramática Transformacional aprofunda o estudo do mecanismo frasal.

Tende a ser a ciência da frase.

GRAMÁTICA E GRAMÁTICAS Partindo da distinção básica entre gramática natural e gramática artificial — conjunto de regras, e descrição desse conjunto —, temos os elementos essenciais para elaborar o verbete **gramática**. Para que ele seja completo, convém acrescentar uma acepção extensiva: a noção de conjunto de regras para falar e escrever é aplicável a outras atividades sistemáticas — ciências, artes, jogos, etc.
Ficaria aproximadamente assim o verbete:

> **gramática 1.** sistema de regras segundo as quais se constroem as frases: mesmo as línguas mais primitivas e as linguagens mais incultas têm a sua gramática; **2.** descrição desse sistema de regras: não se pode fazer gramática, hoje, sem conhecimentos de Lingüística; **3.** disciplina teórica que se ocupa dessas descrições, seus princípios e métodos: a Gramática é um ramo da Lingüística; **4.** disciplina prática que tem por objeto as regras de um padrão idiomático considerado modelar: a escola moderna está relaxando os estudos de Gramática; ser aprovado/reprovado em Gramática; **5.** manejo das regras de linguagem, arte de expressar-se segundo as regras da língua padrão: falar/escrever sem gramática; ter uma gramática defeituosa; **6.** (por extensão) conjunto dos princípios ou regras de uma arte, ciência ou atividade sistemática qualquer: dominar a gramática do desenho, do cinema, do xadrez; **7.** livro em que se expõem as regras (a "gramática") de uma língua: comprar uma gramática.

Na linguagem corrente, a acepção 1 tende para um sentido restrito: sistema de regras do idioma culto padrão. Assim, diz-se vulgarmente que "o analfabeto erra contra a gramática", "não sabe gramática", embora se saiba que, lingüisticamente falando, qualquer padrão ou nível de linguagem é governado por uma "gramática" (sistema de regras) e nenhuma linguagem é possível sem gramática. A linguagem é uma atividade sistemática, e não existe tal atividade que não seja governada por um conjunto de regras.

Entenda-se, portanto, que na acepção 1 ficam compreendidos os variados sistemas de linguagem. Quantas variações geográficas e socioculturais, tantas gramáticas. Naturalmente o essencial é comum, o que permite falar, por exemplo, em **gramática portuguesa**, **gramática da língua portuguesa**, **gramática brasileira da língua portuguesa**.

O conceito restrito de gramática em termos de idioma culto padrão está obviamente implícito no estudo/ensino escolar do idioma. Não há interesse ou necessidade de estudar as linguagens inferiores. Mas uma pedagogia realista da língua não pode perder de vista as "gramáticas" efetivas interiorizadas pelos educandos. O esquecimento disso está na base dos fracassos no ensino da língua.

Quando a Gramática é entendida como disciplina, ciência (por isso a inicial maiúscula), distinguem-se também várias espécies: a Gramática de uma língua, e a Gramática em que várias línguas se comparam. Isto é, a Gramática de uma língua em particular, e as chamadas **Gramática Geral** e **Gramática Comparada**.

A **Gramática Geral** tem por objeto o que há de comum nos sistemas gramaticais particulares. Foi tema de especulações e pesquisas dos cartesianos, e foi visada por obras como a *Grammaire générale et raisonnée* (C. Lancelot & A. Arnauld, 1660), *Grammaire générale*, ou *Exposition raisonnée des éléments nécessaires du langage* (N. Beauzée, 1767), e as gramáticas lógicas e filosóficas do século XVIII. A Gramática Geral tomou novo impulso e ganhou novas técnicas com a teoria gerativo-transformacional, de origem norte-americana (Noam Chomsky, Zelig Harris e outros), e atualmente está em plena florescência. O seu objetivo mais alto é o estabelecimento de "universais lingüísticos" válidos para todas as línguas particulares.

A **Gramática Comparada** tem por objeto os sistemas gramaticais de línguas irmãs, pondo em cotejo semelhanças e diferenças, na base da respectiva língua-mãe. Assim, a Gramática Comparada das línguas românicas, baseada na língua latina; a Gramática Comparada das línguas germânicas, das línguas eslavas, etc.

A Gramática particular (de uma língua) costuma dividir-se em **Gramática Descritiva** e **"Gramática Histórica"** (entre aspas, pelo que dirá adiante).

Gramática Descritiva é aquela que se ocupa em — conforme diz o adjetivo — **descrever** determinado sistema lingüístico. Como um sistema lingüístico só funciona em determinada extensão temporal e espacial, uma Gramática particular só pode ser "estática", "sincrônica". A expressão "Gramática Histórica" é, assim, contraditória e designa na verdade outra coisa: a história da língua, a comparação entre gramáticas sucessivas.

Quanto à **Gramática** (particular) **Descritiva** — também chamada **Expositiva** —, ou Gramática simplesmente, é possível distinguir duas orientações: a normativa e a não-normativa (por falta de outro termo). A **Gramática Normativa** preocupa-se em impor formas e construções havidas como modelares — normalmente aquelas que caracterizam o padrão idiomático culto formal e a língua literária — e em condenar todas as outras como erradas. É uma Gramática autoritária, impositiva.

A **Gramática** não-normativa, a verdadeiramente **Descritiva**, restringe-se a "descrever" a língua tal qual ela realmente funciona, a registrar fielmente as variantes sem preferir umas a outras.

Como o leitor terá concluído por si, a **Gramática Normativa** é a típica do nosso ensino, centrada numa norma culta (mais ideal que real), e a **Gramática Descritiva** *stricto sensu*, uma disciplina técnica, aplicação dos métodos lingüísticos de descrição.

GRAMÁTICA TRADICIONAL E GRAMÁTICA MODERNA Para a Gramática disciplina, uma distinção é inevitável hoje e decorre do progresso científico: **tradicional/moderna**.

A **Gramática tradicional** é a de origem greco-latina, que o Ocidente consagrou através dos séculos e que todos nós conhecemos nos bancos escolares. Continua em nossos dias, embora seriamente abalada em suas bases depois do advento da **Gramática moderna**. Esta foi uma conseqüência natural do desenvolvimento da Lingüística.

Desde que Ferdinand de Saussure (Suíça), Hjelmslev (Dinamarca), Trubetzkoy e a chamada escola de Praga (Tchecoslováquia), Sapir e Bloomfield (América do Norte) "descobriram" a língua como um **sistema** de sinais (signos), não houve mais paz no campo da Gramática.

Esses lingüistas, de uma maneira ou de outra, chamaram a atenção para o óbvio (secularmente obscurecido por falta de princípios rigorosos e métodos científicos): como sistema de sinais — todos correlacionados e opostos numa rede funcional —, a língua deve ser considerada em si mesma, sem apelo a categorias não estritamente lingüísticas (lógicas, psicológicas, filosóficas, históricas, etc.). Era o princípio da **imanência**.

E começaram a surgir descrições gramaticais de cunho técnico — primeiro a Fonologia, depois a Morfologia, e ultimamente a Sintaxe e a Semântica —, com termos e sinais *ad hoc*, em reação contra a nomenclatura e a amadorística prática intuitiva tradicional.

A **Gramática moderna** (classificatória/explicativa), numa primeira fase, consistiu em descrever um *corpus*. O descritivista — depois de adequado treinamento lingüístico — colhia determinados enunciados orais (em geral gravações) e passava a descrevê-los com o maior rigor e objetividade possíveis: era um processo duplo de segmentação das partes e de classificação, de preferência alheio à significação dos textos (houve até uma tendência americana nesse sentido, classificada de "amentalista"). Achava-se mesmo que a descrição seria mais objetiva se o analista ignorasse a língua do *corpus*, livre assim de preconceitos e fantasias. Os nomes tradicionais das classes de palavras (substantivo, verbo, adjetivo, etc.), houve quem os substituísse por letras e algarismos.

A segmentação e a classificação deviam ser, em princípio, rigidamente duais, isto é, em pares opositivos, numa técnica chamada de **binarismo**.

Era uma Gramática descritiva, rigorosamente presa a dados orais (o tal *corpus*), sem outros objetivos que não o funcionamento interno da língua — da linguagem oral, é preciso não esquecer —, mediante partições dos constituintes das frases enunciadas e da respectiva classificação. Gramática por isso chamada **taxionômica** (= classificatória), e também **estrutural**, por causa da atenção à língua como "estrutura" (mais ou menos sinônimo de "sistema").

Numa segunda fase da Gramática moderna corrigiram-se as falhas da chamada Gramática estrutural taxionômica.

A pretensão de descrever a língua restringindo-se aos dados de um *corpus* limitado de falas era uma evidente temeridade. Os enunciados orais, por mais numerosos e diversificados, nunca representariam **toda a língua**. A **fala** — os enunciados orais — não é a **língua**, mas apenas manifestação dela. Além do mais, quaisquer atos de fala contêm hesitações, lapsos, enganos, que o próprio falante sabe identificar e corrigir.

Uma Gramática que tenha a pretensão de descrever a **língua** não pode limitar-se a descrever **falas**. Os dados heterogêneos das comunicações orais precisam, de uma maneira ou outra, ser joeirados e principalmente interpretados. Caso contrário, se cai num atomismo opaco e inconseqüente — defeito justamente do estruturalismo taxionômico.

A Gramática estrutural meramente descritivista e classificatória — com a sua atenção restrita a frases circunstanciadas, à estrutura externa destas, e com a exclusão de pressupostos mentais (subentendidos, elipses, paráfrases, etc.) — carecia de capacidade explicativa. O seu defeito era a exclusiva indução. Uma Gramática que quisesse ser explicativa precisava recorrer ao método dedutivo.

E porque se estava num beco sem saída — incapacidade de explicar as ambigüidades, o parentesco entre frases, a origem e as variações destas, etc. —, surgiu a **Gramática Transformacional**.

Passou-se a entender a linguagem como capacidade criadora, a **língua** como um **mecanismo gerador de frases**, isto é, um sistema de regras que explicitam todas as seqüências bem formadas de palavras, relacionando formas básicas de expressão com as variadas manifestações das frases atuais, bem como o som e o sentido destas. Daí o nome de **Gramática Gerativa**: descreve o sistema de regras que "geram" (explicitam, enumeram) frases. E se a Gramática explica também as operações de acréscimo, redução ou permuta que mudam estruturas primitivas em estruturas derivadas, isto é, se ela explicita as regras de **transformação**, então temos a **Gramática Gerativo-Transformacional**, ou simplesmente **Transformacional** (Noam A. Chomsky, *Syntactic structures*, 1956, e *Aspects of the theory of syntax*, 1965). Uma Gramática que, a despeito de sua modernidade, foi de certa forma iniciada pelos cartesianos (século XVIII), com a idéia de estrutura profunda e estrutura superficial, relacionando formas básicas de frase com formas derivadas (**Deus é invisível + Deus governa o mundo + o mundo é visível — Deus, que é invisível, governa o mundo, que é visível — Deus invisível governa o mundo visível**).

Relacionando orações passivas e reflexivas com as correspondentes ativas, orações reduzidas com as respectivas desenvolvidas, predicados complexos com predicados simples; apelando à significação, a subentendidos, com base na intuição do falante, a Gramática Transformacional satisfez mais ao pensamento tradicional de que o estruturalismo taxionômico, amentalista. Soube conjugar a rigorosa técnica estruturalista com o apelo à intuição idiomática da Gramática tradicional e evitar a falta de método desta bem como o mero descritivismo superficial daquele.

Gramática, elenco imutável de regras impostas de fora — um conceito tradicional incrivelmente obstinado. E no entanto já algumas gramáticas dos fins do século XIX e inícios do XX abriam suas páginas com surpreendente sensatez: a **gramática** é a **exposição** metódica **dos fatos da linguagem** (ou **da língua**). Portanto, à gramática não cabia impor regras e por elas aprovar ou condenar (principalmente condenar) os fatos. Cabia, sim, observá-los, para induzir as regras que os explicassem.

Bonito. Essa postura de fidelidade aos fatos, sua observação e descrição exata, era evidentemente sugerida e imitada das ciências naturais. No campo gramatical daqueles tempos, teoria bonita demais para ser também prática. Sim, porque a exposição dos fatos era antes uma bela definição na página inicial do que método rigoroso nas páginas todas do livro. Exposição dos fatos? Nem tanto, à vista de inúmeras condenações, de indefectíveis incorreções e "vícios de linguagem" apontados. Fatos? Na verdade só aqueles previamente julgados corretos pelo tendencioso expositor.

OS FATOS DE LINGUAGEM Somente nesse viciado conceito tradicional é concebível uma afirmação dessas de que "a maioria dos fatos escapa à rigidez das regras gramaticais".

Os fatos de linguagem, **"todos" os fatos de linguagem obedecem a regras, são frutos de regras gramaticais**. (Naturalmente não falo de anomalias, fatos ocasionais, que não se repetem.) Então isso de "a **maioria** dos fatos", no caso, é um absurdo insondável. A maioria em linguagem — e vou repetir quantas vezes forem necessárias! — **a maioria em linguagem é infalível, inerente**. Erra é o soldadinho do passo certo.

Isso de "rigidez das regras gramaticais" naturalmente só se pode referir às gramáticas-livros. **A verdadeira gramática, essa está dentro de nós, de todos nós falantes**. Regras de gramáticas preconceituosas, irrealistas (às vezes surrealistas), podem/costumam ser rígidas. Impõem, dogmatizam um comportamento verbal, em vez de observar os comportamentos espontâneos, estudá-los tratando de depreender as regras subjacentes. Regras naturais, intuídas, que os falantes observam por instinto. Regras rígidas? Não essas. Regras naturais — repito — e, tantas delas, flexíveis: que só assim se explica a variabilidade dos modos de dizer.

Gramática é conjunto de regras que possibilitam a comunicação verbal; regras documentadas **naturalmente nas frases que as pessoas constroem**. Neste sentido natural, vital, de linguagem, **não há falar sem regras**, vale dizer, **sem gramática**. Nem povo existe, por primitivo e rude, que não tenha gramática. Não terá livro, mas gramática tem. Sistema de regras — é um bem de raiz de qualquer comunidade humana, cujos membros o compartilham nas mentes (regras "interiorizadas", segundo os lingüistas; ou "internalizadas", como usam os que preferem não traduzir o inglês *internalize*). Os membros de toda comunidade lingüística se definem como "condôminos" de uma gramática, sistema de regras que lhes possibilita comunicarem-se entre si. Nem precisa, nenhum deles, recorrer a livros para se informar das regras. Aliás, aprende-se ("interioriza-se") muito antes de lidar com letra. E muitos povos falaram (e falam) — e portanto manipulam regras gramaticais — sem nunca terem conhecido letras (povos ditos "ágrafos").

Essa, **a verdadeira gramática. A gramática natural**. É certo que, nas culturas mais adiantadas, acaba surgindo também a **gramática artificial**: observação, descrição, registro escrito e estudo/ensino da gramática natural. Como há sempre diversos níveis gramaticais, decorrência forçosa de correspondente estratificação sociocultural, natural é impor-se o mais alto nível para modelo de toda a comunidade. Essa gramática mais alta, sofisticada, com lastro de história e tradição depositado no patrimônio impresso — daí seu caráter arcaizante em relação à fala —, vai formar o modelo ideal (nunca realizado na fala) para as gramáticas-livros e, por meio destas, para o ensino.

Mas esta **gramática artificial só vale como registro da gramática natural**. A gramática, primeiro, reside na cabeça dos falantes (do povo, sim); só depois vai morar nos livros — e muito incompleta, muito falha. **Qualquer falante** — mesmo o mais humilde! — **"sabe", sobre a sua língua, muito mais do que qualquer gramático** — mesmo o mais genial! — **consegue pôr em livro**.

Isso não impede que na gramática-livro se possam aprender pormenores da língua culta ideal, sobretudo para efeito da escrita e do conhecimento teórico. Na fala não há como consultar gramáticas ou dicionários: todo ato de fala é um improviso, que só se pode valer das regras interiorizadas (gramática e léxico mentalizados). Muita graça teria se os falantes tivessem de consultar livros para... expressar-se "corretamente". Claro: "**a língua certa é a língua falada pelo povo**", "**é o povo que faz a língua**" — não vai nenhum exagero ou desacerto nessas afirmações. Naturalmente é preciso bem interpretar a palavra "povo", nunca dissociada das diversas camadas de cultura. **Se o doutor tem uma gramática, também têm a sua as pessoas de cultura mediana, as apenas alfabetizadas; como a sua, têm os analfabetos. Estes não poderiam falar sem regras: não há falar sem gramática** — é bom insistir.

Não faz sentido, pois, resmungar que "o vulgo teimoso nunca aprende", "nunca se predispõe a... se exprimir de uma maneira correta". O vulgo fala como lhe dita a **sua** gramática — **corretamente**, segundo as regras desta. Se não fala como doutor, a culpa não é dele. A culpa é, sim, daqueles que pactuam com a ignorância, a elitização dos meios de cultura e tudo quanto fomenta a separação de classes.

O ideal seria que todos compartilhassem a mesma gramática. Mas isso pressupõe um só e mesmo nível sócio-econômico-cultural, igual acesso aos bens do corpo e do espírito. O **ideal** seria...

Não se pode separar a linguagem da vida.

GRAMÁTICA, ENSINO E EDUCAÇÃO

É bem conhecida de todos a reação negativa, quando não aversão declarada, a aulas de Gramática. E pouco importa a linha teórica adotada pelos professores: tanto faz ser Gramática tradicional como Gramática moderna — funcional, estrutural, transformacional ou outra —, é sempre a mesma rejeição, a mesma alergia. E os resultados são sempre constrangedoramente medíocres.

Culpar métodos de ensino ou professores seria simplista e incorreto, porquanto mesmo profissionais competentes, de longo tirocínio e metodologia atualizada, também se vêem punidos com frutos desproporcionais à sua dedicação.

Igualmente errado seria culpar os destinatários do ensino gramatical: mesmo alunos de ótimo aproveitamento nas demais disciplinas podem decepcionar em avaliações de Português tomadas de exercícios ou testes de teoria gramatical.

E mais, pormenor significativo que a experiência profissional me forneceu: alunos com vocação literária, futuros escritores, são normalmente os mais avessos a aulas de Gramática. Tiram notas elevadas em redação e se reprovam em testes gramaticais.

Tão generalizada quanto espontânea antipatia contra aulas de teorização da língua sugere pesquisas em busca das respectivas causas. Certamente as modernas ciências da linguagem devem ter elementos para clarear o problema.

Este trabalho representa uma tentativa de reflexão sobre essa crucial questão pedagógico-didática, realizada às luzes principalmente da Psicolingüística e da teoria gerativo-transformacional.

Dividi o trabalho em quatro partes. Primeiro: um exame das características do ensino tradicional em que predomina a teorização gramatical. Segundo: a moderna concepção de gramática conforme a lingüística gerativo-transformacional. Terceiro: uma reflexão sobre o conflito inevitável entre o tradicional ensino gramaticalizado da língua materna e a gramática do aluno segundo aquela teoria lingüística. Quarto: conseqüências da nova concepção lingüístico-gramatical para o ensino da língua materna — conseqüências que, na verdade, vão se estender a outros campos, e mesmo ao ensino e à educação em geral.

O ENSINO TRADICIONAL DA LÍNGUA MATERNA Queixas que se ouvem por toda parte e que irritam pela repetição: os jovens não sabem falar, os jovens não sabem escrever, os jovens não têm vocabulário.

Geração sem palavras. Os jovens...

E a escola, que deve ensinar os jovens a falar melhor, a escrever, a expandir o seu vocabulário... — a escola, que tem feito? A culpa será da juventude, ou será daqueles que têm a missão de lhe orientar a formação integral?

***

O ensino tradicional da língua materna fundamenta-se sobretudo na Gramática, mais precisamente na Gramática Normativa. E já veremos por quê.

Antes de prosseguir, quero deixar claro que não vejo todo o ensino tradicional como mal encaminhado e deficiente, pois há professores tradicionais que nos resultados superam em muito a outros que se acreditam modernos. Entendo o termo "tradicional" por oposição a "atualizado", devidamente ajustado à realidade das coisas segundo dados científicos ou mesmo segundo a ciência intuitiva do bom senso. "Tradicional", assim, na verdade, quer dizer "ingênuo" e "rotineiro", às vezes "reacionário".

Aparentemente, o ensino tradicional parte do pressuposto de que é preciso ensinar a língua nativa ao aluno porque ele não a sabe. E o pressuposto parece justificar-se na atividade inicial: naturalmente (com raríssimas exceções) a criança vai à escola não sabendo escrever, por isso a alfabetização. No entanto, alfabetizado o aluno, persiste a convicção de que ele não sabe a língua, pois não sabe escrever certo. Por isso o ensino concentrado na ortografia, no uso de letras, nos acentos, nos sinais, etc. E a obsessão ortográfica perseguirá o aluno ao longo de todo o percurso de primeiro e do segundo grau* (quando não universidade e dentro e fora...). Emprego das sibilantes, hífen, acentuação gráfica e crase são os conhecidos cavalos-de-batalha. Escusado observar que, quanto mais essas coisas se ensinam, menos se aprendem. A crase é um mistério tanto mais impenetrável quanto mais chovem as regras. Uma criança pode assimilá-la por leitura e intuição, enquanto universitários e portadores de diploma, devidamente armados de regras e macetes, disparatam acentos graves por todos os lados.

Mas não é só ortografia que o aluno não sabe. Ele ignora a língua culta literária, e portanto é necessário ensinar-lhe as regras de boa linguagem vernácula observadas pelos escritores, mais exatamente pelos "clássicos" da língua (quanto mais antigos, mais clássicos). Tal ensino-aprendizado se fará nas gramáticas normativas. A língua é considerada algo estático, uniforme, monolítico — justamente o tal modelo petrificado nos textos literários do passado. Estes fornecem um estalão de certo/errado porque o professor tradicional pautará todos os exames e avaliações de escritos dos alunos.

---

* Respeitamos a nomenclatura utilizada pelo autor. Porém, desde 20/12/1996, a Lei de Diretrizes e Bases da Educação Nacional (LDB) n. 9.394 estabelece – em seu Art. 21 – que "A educação escolar compõe-se de: I - educação básica, formada pela educação infantil, ensino fundamental e ensino médio; (...)". Portanto, os ensinos de 1º e 2º graus passam a ser nomeados, desde então, como ensinos fundamental e médio. (N. C.)

A adoção de gramáticas (normativas), naturalmente, levará os professores a repassar escrupulosamente todos os capítulos da teoria gramatical. Mesmo que o aluno já conheça, desde antes da escola, os pronomes pessoais, possessivos ou demonstrativos, os numerais, etc., tudo isso será devidamente ensinado e estudado, treinado em exercícios.

Mas, como se trata de ensinar ao aluno o que ele não sabe, é natural que se dê ênfase especial a exceções (devidamente lembradas ao lado das regras), ao raro e exótico. As formas ordinais de números elevados (formas sem uso como **quadringentésimo, noningentésimo**..., não esquecendo de ensinar que o certo é "octogésimo", e não "octagésimo"). No capítulo do (nome) substantivo, também sempre aquilo que o aluno não sabe: femininos exóticos (de cupim, elefante e pardal, de cáiser, prior e bispo, por exemplo, são indefectíveis), flexão das palavras em **-ão** (de **alão** a **truão** e **vilão**), plurais anômalos e de compostos (de **corres-corres** ao discutido **guardas-marinha(s)**..., listas e listas de gentílicos (como **betlemita** e **soteropolitano**...) e coletivos (**armentios** e **cáfilas**), e naturalmente toda sorte de verbos irregulares (com ênfase nas formas inusitadas: **supondes, compuséramos**...).

***

Exemplos de problemas que o aluno é obrigado a resolver só por constarem de exercícios da Gramática adotada como livro-texto: **condoêssemo-nos; arrepender-vos-íeis, dignarmo-nos-íamos, dignar-vos-íeis; saudamo-los, qui-lo, tem-lo, fi-lo, pu-la, possui-lo** (não **possuí-lo**), **saudai-lo, ponde-las, disseste-los**...

Gramáticas normativas que nem sabem informar o consulente (estudioso compulsório, no caso do aluno) de que a forma pronominal **vós** está fora de uso no português atual, e com ela, naturalmente, as respectivas formas verbais de concordância. Ora, **arrepender-vos-íeis, saudai-lo, disseste-los** e **pressuponde-lo**...

Num tal ensino gramaticalizado da língua, como se observa, não se trata nem ao menos de ensinar a gramática vigente da língua, e sim pedaços da gramática da língua literária de séculos passados (a dos tais "clássicos"). Seria exagero pedir ao professor tradicional que se informasse sobre a gramática viva da língua em autores com fundamentação técnica, como J. Mattoso Câmara Jr. (*Problemas de lingüística descritiva*, *A estrutura da língua portuguesa*...) ou Maria Isabel Abreu e Cléa Rameh (*Português contemporâneo*, 2 vols., sob a orientação de Mattoso Câmara Jr. e Robert Lado). Nesta obra, o professor poderia tomar consciência da conjugação viva (no Brasil) em quatro formas: eu **como**; você (o senhor/a senhora, ele/ela **come**; nós **comemos**; vocês (os senhores/as senhoras), eles/elas **comem** (vol. 1, p. 75).

E como se trata de ensinar a língua materna no que o aluno **não** sabe, durante todo o currículo médio insiste-se nas dificuldades sintáticas: regência verbal (sobretudo regências literárias já desusadas), concordância verbal e nominal, casos mais complicados. Tudo com inúmeras regras e suas devidas exceções. E o indefectível capítulo da colocação dos pronomes pessoais oblíquos átonos, onde, legislando-se pelas regras da língua literária do passado, fica o estudante brasileiro advertido de que deve evitar, por incorreta, a colocação brasileira dos pronomes.

Nessa área da sintaxe, o coroamento do ensino gramaticalizado tradicional se dá com a célebre análise lógica. Nada se alterou com chamá-la oficialmente de "análise **sintática**" (*Nomenclatura gramatical brasileira*. Rio de Janeiro, CADES, 1958): continua se tratando de um exercício logicizante, onde pouco ou nada cabe da linguagem viva — referencial ou afetiva. Intermináveis debates e explicações sobre diferenças entre complementos e adjuntos, predicativo e aposto, orações causais e explicativas, classificação de termos e orações. etc.

Certamente, o ensino tradicional da língua materna não se restringe a aulas de Gramática. Há também sessões de leitura e interpretação de textos. Mas estes, infelizmente, acabam muitas vezes pretexto de lições de linguagem correta, análise de palavras e orações, regras de pontuação — tanta é a obsessão gramatical.

Há também as redações. Mas, por efeito da mesma obsessão, o professor tradicional as toma como exercícios de linguagem correta. O efeito se vê na correção e na avaliação: em vez de prestigiar o conteúdo e sua estruturação, o assinalamento implacável de todos os erros de grafia, pontuação, concordância e regência, e a atribuição de nota ou conceito por subtração baseada nessas deficiências.

***

A Lingüística moderna, com seus conceitos de linguagem, língua e fala, diacronia e sincronia, sistema e norma, planos e eixos, fala e escrita, etc., certamente poderia ter vindo à escola para corrigir as falhas do ensino tradicional da língua materna. Assim esperavam muitos que viesse a acontecer, e outros muitos continuam esperando ou querendo que assim seja. Infelizmente não é o caso, como provam as experiências realizadas.

Conseqüências de um equívoco de princípios, mal de origem: concebido o ensino de língua, viciadamente, como um ensino da respectiva Gramática (teoria gramatical), era natural que a Lingüística fosse encarada apenas como um instrumento para apurar e tecnicizar a teoria e a descrição gramatical. O resultado está sendo um ensino tradicional modernoso: tradicional, por manter o vício de gramaticalizar, em vez de operar produtivamente com a gramática do aluno; e modernoso, por não se tratar de autêntica reformulação lingüística, e sim de meras adaptações de conveniência, brilhaturas de formalização.

Assim, com o socorro (intromissão) da Lingüística, passa-se a insistir nas diferenças entre fonética e fonologia, som e fonema, e multiplicam-se termos novos: fone, alofone, neutralização, arquifonema, fonema, juntura... Outras tantas novidades terminológicas em morfologia, morfofonêmica, lexema, lexia... Idem naturalmente na sintaxe: sintagma, sintagmema, análise sintática (ainda e de novo) em constituintes imediatos, caixas-chinesas, encolchetamento ou parentetização, diagramas-árvore...

E assim, na essência da orientação pedagógico-didática, nada mudou com a intervenção-socorro da Lingüística no ensino da língua materna. Persiste a mesma orientação de ensino gramaticalizado, na verdade ainda mais gramaticalizado, professor e aluno às voltas com uma teorização mais sofisticada. Conseqüência: os mesmos frutos didáticos negativos, e até piores, em proporção de um ensino mais complexo e com sobrecarga de informação nova.

O ensino tradicional pré-Lingüística parecia previsto para formar professores de Português; agora, esse ensino modernoso parece visar à formação de professores de Lingüística. Com uma pequena ressalva, para ser mais preciso: em ambos os casos, formar professores teóricos; assim, o futuro do ensino teorizante fica plenamente assegurado.

Nesse ambiente confuso entra em cena outra ciência (?) com papel de messias: a Teoria da Comunicação. E bem que esse ramo de conhecimento poderia ajudar a corrigir os equívocos tradicionais, afinal, línguas são instrumentos de comunicação verbal, e já o nome "Comunicação e Expressão" em Língua Portuguesa, da Reforma do Ensino, parecia pressionar o ensino tradicional no sentido de visar ao aprimoramento da capacidade comunicativa dos alunos. Mas não: a nova Teoria, aparentemente, só veio aumentar a sobrecarga de informações e nomenclaturas: emissor ou remetente, receptor ou destinatário, mensagem ou texto, contexto, canal, código, codificação ou encodização, decodificação ou decodização, entropia, ruído...

Enfim, a Lingüística e a Teoria da Comunicação, em vez de corrigir a situação, como seria de esperar — por efeito da errônea postura tradicional de "ensinar o que o aluno não sabe" —, só vieram complicar, transformando o ensino da língua materna num ensino de Gramática, Lingüística e Teoria da Comunicação.

***

Vejamos as principais conseqüências de um ensino da língua materna orientado sobretudo para a Gramática.

Em primeiro lugar, o caos teórico. Justamente por se insistir na teoria gramatical, o resultado é uma grande confusão, dadas as divergências entre o tradicional e o moderno (e várias correntes do moderno), a natural dificuldade de toda teorização e a incapacidade da maioria dos docentes em didatizar a teoria lingüística.

A língua é um sistema, estrutura de entidades e relações, e como tal está na mente dos falantes, desde quando ali, ao natural, se instalou. Pois o ensino teórico consegue apresentá-la como aglomerado de nomes e teorias, regras arbitrárias e indefectíveis exceções.

Em segundo lugar, o fracasso desse objetivo privilegiado. Apesar de toda a insistência na Gramática, é justamente a teoria gramatical que os estudantes não conseguem aprender.

Pode-se até falar em proporção inversa: quanto mais se "ensinou" determinado assunto, tanto menos o aluno sabe. Exemplo clássico, a crase: ano após ano, semestre após semestre, professores ensinam crase, regras de crase obrigatória, crase proibida, crase facultativa, não esquecidos os casos especiais, as exceções — e o aluno avança (recua...) cada vez mais perplexo. Mais se ensinou, menos ele sabe. Crase, a esfinge do ensino brasileiro ("decifra-me ou devoro-te", professores e alunos acabam devorados). Qualquer pequeno leitor pode intuir o que é um **a** acentuado: o ensino transforma a singeleza em mistério.

Em terceiro lugar, sobrecarga da memória com inutilidades ("cultura inútil", dizem os jovens) quando não de normas equivocadas e reacionárias, com sério prejuízo da prática efetiva da língua.

"É curioso observar que pessoas alheias a preocupações literárias ou lingüísticas, até avessas ao estudo, sabem que 'aonde' só se emprega ["Só se deve empregar...", ditam os puristas — CPL*] junto a verbos de movimento (o que não é verdade); sabem que 'despercebido' significa 'não visto', que 'desapercebido' significa 'desaparelhado' (quando, na realidade, perceber e aperceber são um só e mesmo verbo, como levantar e alevantar); sabem que não se coordenam ["Não se devem coordenar..."], dando-lhes o mesmo complemento, verbos de regimes diversos — 'entrar e sair de casa', por exemplo (construção, no entanto, perfeitamente vernácula); sabem que tais e tais palavras atraem o pronome oblíquo ([...] como se houvera um magnetismo fonético) etc. etc." (Gladstone Chaves de Melo, *Iniciação à filologia portuguesa*, 1957).

Em quarto lugar, ignorância do que realmente se devia aprender. Particularidades do idioma culto, em especial na sua modalidade escrita, vocabulário (forma e significação), sintaxe mais elaborada, problemas de regência e concordância, variabilidade expressional (estilística), cultura de língua, etc. — coisas todas utilíssimas no uso efetivo da língua e que se poderia aprender pela prática (não teoria), por indução e treinamento. "A maior parte das pessoas ditas cultas, entre as quais até escritores [...], escrevem mal, viciosamente, pobremente, canhestramente, são incapazes de encontrar a forma adequada à expressão do pensamento ou do sentimento" (idem) — e justamente isso a escola não ensina.

***

Conseqüência natural do caos teórico do tradicional ensino gramaticalizado é a convicção que deixa de que a língua é extremamente complicada. Uma convicção assente até entre pessoas cultas. Curioso: sabem, dominam a língua desde a meninice, mas a escola conseguiu convencê-los de que o português é a mais difícil das línguas. "O brasileiro não consegue aprender o idioma nacional" (nem os professores de Português...?).

E quando se pergunta por que o português é difícil, lá vêm os grandes problemas da crase, da acentuação, do hífen, da pontuação, dos verbos irregulares, da análise sintática — justamente tudo aquilo que os professores de Português tão desveladamente ensinaram. (Ensinaram?)

Corolário natural dessa profunda convicção (consciente ou inconsciente) é o desestímulo ao verdadeiro estudo da língua, e o desencorajamento do esfor-

---

* Iniciais de Celso Pedro Luft (CPL). (N. C.)

ço pertinaz pelo seu domínio cada vez mais aprimorado. Gera-se, ao contrário, a insegurança na prática da língua materna, a inibição no falar e no escrever, a morte ou o abafamento da criatividade lingüística.

Gostaria de tranqüilizar a todos aqueles que lamentam não ter "aprendido" a língua na escola. Não é verdade que não sabem a língua por ela ser muito difícil. A língua vocês "sabem" desde crianças. Podem não saber a teoria gramatical explícita, não saber Gramática. Mas... esta faz falta? Consolem-se: escritores confessam ter sido medíocres alunos, até com reprovações em Português.

Leiam esta passagem das memórias de Medeiros e Albuquerque sobre a relação de Machado de Assis com a Gramática:

"Era eu Diretor de Instrução e queria imprimir ao estudo de Português, na Escola Normal, um cunho essencialmente prático. Tendo, por outro lado, de aproveitar Valentim Magalhães, mandei convidá-lo. À queima-roupa, desfechei-lhe esta pergunta: 'Você sabe gramática?'. Valentim empertigou-se, um pouco formalizado. Expliquei-lhe então o que eu queria dizer: que ele, decerto, não conhecia toda a rebarbativa e complicada tecnologia gramatical. Confessou-me que tal era a sua situação. 'Nesse caso', disse-lhe eu, 'aceite a cadeira de Português dos dois primeiros anos da Escola Normal.' Valentim julgou que eu gracejava. Expliquei-lhe que não. Precisava de um professor que soubesse escrever e ensinasse a escrever, *mas que não ensinasse gramática* [grifo meu — CPL]. Ora, *por comodidade*, todos os professores *faziam descambar o ensino para a aprendizagem da gramática* [idem]. Ele, que não a conhecia, não podia fazer isso. E nomeei-o. À tarde, na Rua do Ouvidor, encontrando Machado de Assis, contei-lhe o fato. Machado exclamou sorrindo: 'Por que você não me nomeou? Eu servia perfeitamente'. E referiu-me que abrira, dias antes, a gramática de um sobrinho e ficara assombrado da própria ignorância: não entendera nada!" (*Quando eu era vivo. Memórias*, Rio de Janeiro, 1981).

Machado de Assis, mestre da língua, não entendia nada de gramática? De Gramática (teoria explícita, nomenclatura, etc.) podia não saber nada, mas sabia tudo da gramática real da língua, tudo da gramática oral dos cariocas, e tudo da gramática literária dos melhores clássicos portugueses e brasileiros — ele, Machado, também clássico, um dos maiores clássicos da língua portuguesa. Não foi professor de Português, mas foi e continua sendo mestre inexcedível da língua.

***

Uma das piores conseqüências do ensino tradicional da língua materna são as noções errôneas que dele derivam sobre linguagem, língua e gramática, bem como sobre o que seja realmente saber a língua.

Chomsky, o fundador da teoria gerativo-transformacional, lamenta a visão depauperada, estreita, e o tratamento mecânico do ensino da Gramática nas escolas:

"A gramática é em geral ensinada como um sistema essencialmente fechado e acabado, de um modo bastante mecânico. O que é ensinado é um sistema de terminologia, um conjunto de técnicas para dividir orações, etc. Não duvido de que tudo isso tenha uma função, que o aluno deve ter um modo de falar sobre a língua e suas propriedades. Parece-me, contudo, que se perde uma grande oportunidade quando o ensino da gramática é limitado a estes aspectos. Creio que é importante que os alunos compreendam quão pouco sabemos a respeito das regras que disciplinam a relação entre significante e significado em inglês, sobre as propriedades gerais da linguagem humana, sobre como o incrivelmente complexo sistema de regras que constituem a gramática é adquirido ou posto em uso. Poucos estudantes têm consciência do fato de que em sua vida normal cotidiana estão constantemente criando novas estruturas lingüísticas que são imediatamente entendidas apesar de sua novidade, por aqueles a quem eles falam ou escrevem. Nunca lhes fazem [os professores] ver que extraordinária realização é esta e quão limitada é nossa compreensão do que a faz possível. Nem adquirem qualquer visão interna da notável complexidade da gramática que usam inconscientemente, mesmo na medida em que este sistema é entendido e pode ser apresentado explicitadamente. Em conseqüência, [os estudantes] são privados tanto do desafio quanto das realizações próprias do estudo da língua. Isto me parece lamentável, porque este desafio e estas realizações são extremamente reais. Talvez à medida que o estudo da língua volte aos amplos objetivos e escala de sua rica tradição, seja encontrado algum modo de apresentar os estudantes aos tantalizantes problemas que a linguagem sempre apresentou àqueles a quem os mistérios da inteligência humana intrigam e maravilham" ("Panorama e rumos atuais da lingüística", in Chomsky et al., *A lingüística hoje*, 1973).

Parece, de fato, que a compreensão do que seja uma língua (sobretudo a língua materna) e respectiva gramática sempre esteve relativamente ausente das nossas salas de aula. Alguma compreensão entretanto sempre houve, e correu mais por conta da intuição de professores sensíveis à natureza e à aprendizagem da língua.

Passemos então a uma revisão do conceito de gramática, às luzes da lingüística gerativo-transformacional.

MODERNA CONCEPÇÃO DE GRAMÁTICA Devemos convir que o termo "gramática" já nasceu errado. Com a base *gramma*, "letra" em grego, nasceu o termo preso à língua escrita, entidade posterior à realidade lingüística primeira, a fala. Induzida da língua **escrita** literária, era natural que a Gramática impusesse como normas os usos dos escritores: "arte que ensina a falar, e escrever qualquer língua corretamente, segundo o modo por que a falaram os melhores escritores, e as pessoas mais doutas e polidas" (Dicionário Morais).

Hoje sabemos que à escrita precede a fala, e que "gramática" é o sistema de regras que possibilita esta e, por conseqüência, aquela.

***

O conceito tradicional de gramática, o que as pessoas em geral pensam a seu respeito, a interpretação que se dá a esse termo está registrado nos dicionários. Da consulta ao *Novo dicionário brasileiro Melhoramentos ilustrado* (1969), *Novo dicionário da língua portuguesa*, de Aurélio Buarque de Holanda Ferreira (1975), e *Dicionário enciclopédico Koogan-Larousse — Seleções* (1978), colhem-se as seguintes acepções-definições: **1.** Estudo/tratado sistemático ou metódico dos atos da linguagem falada ou escrita, e das leis naturais que a regulam. **2.** Estudo/tratado sistemático ou metódico dos fatos ou dos elementos constitutos de uma língua. **3.** Livro onde se expõe esse estudo, ou onde se expõem as regras da linguagem. **4.** Arte de exprimir corretamente os pensamentos, quer falando, quer escrevendo.

Portanto, gramática tratada "da linguagem ou da língua", como contendo o estudo ou as regras de uma língua como arte de expressão correta. Então haveria estudo/tratado das regras da língua e haveria livros com esse estudo ou regras, se primeiro não houvesse o objeto desses estudos/livros, o sistema de regras?

Mesmo um técnico em assuntos de linguagem, um lingüista como Mattoso Câmara, restringe-se a esse conceito secundário de Gramática — "Estudo de uma língua examinada como 'sistema de meios de expressão'".

Ora, é para a existência da língua antes das teorias sobre a língua, para a existência da gramática antes das teorias e dos livros sobre a gramática que nos alerta a Lingüística mais recente, sobretudo a gerativo-transformacional, que vê as línguas como gramáticas, ou seja, como sistemas de regras de comunicação verbal.

Impõe-se, pois, uma distinção fundamental na conceituação do termo gramática: primeiro, o sistema de regras que preside aos atos de linguagem, primariamente atos de fala; e segundo, o registro da descrição ou da exposição (estado, tratado, etc.) de regras.

Proponho, interpretada nestes termos opositivos, a nomenclatura gramática natural e gramática artificial. Nomenclatura "interpretada nesses termos opositivos", isto é, como "sistema de regras" *vs.* "reprodução (tentativa de) desse sistema". Portanto, nada a ver com "língua natural" e "língua artificial". O termo "artificial", adjetivo aplicado ao substantivo "gramática", justifica-se pelo fato de que toda explicitação (descrição e possivelmente explicação) ou listagem de regras que ordenam o comportamento humano é sempre um expediente não "natural", um "artifício" metodológico ou técnico. "Natural" é a reprodução da estruturação interior intuitiva (não exterior discursiva racional) desses sistemas de regras.

A "gramática natural", sistema de regras individualmente interiorizado e socialmente compartilhado por intuição, constitui o próprio saber lingüístico dos falantes — a chamada "competência lingüística do falante nativo". Já a "gramática artificial" deveria ser a rigorosa explicitação desse saber.

Justifico o termo "natural" pela formação da gramática primária *in natura*, pela natureza humana aprender uma língua ou um sistema ou sistemas de regras, ao natural, sem ensino explícito, desde que a criança esteja em condições biológicas e psicológicas normais.

***

A oposição **natural/artificial**, relativa à gramática, pode ser expressa com outros termos: **interior/exterior**, **implícita/explícita**, **intuitiva/discursiva**. Voltaremos a isso, com a explicação desses termos, quando falarmos das características da gramática e da competência lingüística do falante nativo. Antes disso, vamos a uma definição de gramática (natural).

Combinando o espírito e a letra de Noam Chomsky e de seus discípulos em várias definições e passagens sobre gramática, podemos redigir a seguinte definição adaptada:

> GRAMÁTICA: sistema limitado de regras, compartilhado intuitivamente pelos membros de uma comunidade lingüística, o qual gera frases ilimitadas, todas bem formadas e nenhuma malformada — nada mais e nada menos que todas as frases boas da língua —, relaciona significado e significante das frases geradas, e lhes atribui a respectiva descrição estrutural.

Sistema de regras, porque estas se relacionam estruturalmente, são ordenadas em conjuntos, explicitando-se sucessivamente, e muitas delas se aplicam em ciclos. Justamente por seu caráter assistemático é que as regras gramaticais nos livros e na escola mais perturbam do que ajudam o aluno.

Sistema de **regras**: a escolha, a ordenação e o ajuste formal das palavras, a interpretação dos respectivos significados e a corporificação destes em cadeias de significantes, etc. — tudo isso obedece a princípios que os falantes observam ao natural. A esses princípios chama-se **regras**. Estas são simplesmente a condição para haver comunicação clara e adequada. Nada de negativo no termo **regras**: as regras artificiais, sim, são muitas vezes arbitrárias, preconceituosas, falsas ou confusas.

Sistema de regras **limitado**: todo sistema se define como conjunto determinado de elementos coesos por uma estrutura de relações. A ausência de limite nas regras seria a própria negação das noções de "sistema" e "regras". Além disso, nenhuma memória teria capacidade para estocar regras sem limites. Usamos constantemente as regras da nossa língua, mas não sabemos determinar seu número exato, embora este seja forçosamente limitado. A gramática artificial, sim, nos livros e na escola, pode dar a impressão de que sempre há lugar para mais alguma regra.

Passo por cima das palavras "compartilhado intuitivamente", etc., que merecem um destaque especial como fecho dos comentários à nossa definição de gramática.

***

O sistema de regras gera frases. Gerar (também se diz engendrar) no sentido matemático de "enumerar, listar ou arrolar explicitamente". Dada um regra qualquer, resultam dela inúmeras estruturas possíveis. Em outros termos, as regras prevêem explicitamente tudo o que é possível derivar com elas.

Seja uma possível formulação de regra que subjaz às nossas construções adjetivas: S Adj — (Adv)* (Grad) Adj (Adv)* (SP)* (O)*. Leia-se: o sintagma adjetivo reescreve-se como um ou mais advérbios + gradação + adjetivo + um ou mais advérbios + um ou mais sintagmas preposicionais + uma ou mais orações (parênteses indicam caráter facultativo). Uma regra que prevê estruturas como: (1) fácil, (2) mais fácil, (3) muito mais fácil, (4) sempre muito mais fácil do que eu imaginasse (que fosse), (5) não tão fácil assim de executar quanto outras tarefas, (6) já agora bem mais irritado consigo mesmo do que com os seus colegas pelos medíocres resultados da campanha, etc.

O sistema gera frases ilimitadas. O exemplo anterior já pode dar uma idéia: combinando o conjunto universo dos adjetivos, advérbios e substantivos (do SP), quantas estruturas provê aquela regra? Impossível dar o número. E pensar então no número de frases previsível pelo sistema completo das regras da língua. Para o falante, a gramática que ele interiorizou permite-lhe fazer quaisquer frases (dentro do limite pessoal de vocabulário); para o lingüista ou gramático, a tarefa é construir um mecanismo à semelhança desse sistema interiorizado. Alimentado das regras gramaticais, devidamente formalizadas, vocabulário incluído, esse mecanismo (imaginemos um computador) estaria capacitado a fazer a listagem completa das frases possíveis. À semelhança das máquinas de calcular, essa seria uma máquina de frasear — máquina de geratividade infinita.

O infinito, em dois sentidos: em número e em extensão. Primeiro: impossível computar o número total das frases possíveis de uma língua (imagine-se o rol completo dos substantivos, verbos, adjetivos, pronomes, advérbios, etc., e os arranjos e as combinações possíveis...). O conjunto total das frases já faladas e escritas em português não passa de um pequeno inventário de possibilidades. Sempre se poderá fazer novas frases e frases novas nunca ouvidas ou lidas. Segundo: frases ilimitadas também em extensão, pois as regras, dado o seu caráter recursivo, podem gerar seqüências intermináveis. Assim, o alongamento indefinido mediante coordenações e subordinações; todo substantivo pode ser expandido por orações relativas cujos substantivos comportam a mesma expansão, etc. Aliás, a regra aventada acima para o sintagma adjetivo exemplifica a expansibilidade de estruturas, sobretudo no sintagma preposicional (SP), com seus substantivos ampliáveis, e no símbolo O, com a ampliabilidade normal das orações.

Naturalmente, a geração e a expansão infinitas são apenas teóricas; na prática, nenhum falante é capaz de fazer todas as frases da língua (pense-se nas linguagens específicas e técnicas, nas metalinguagens), e ninguém consegue fazer uma frase ilimitada. Há os limites do saber, de memória e atenção, tempo, fôlego, etc. Daí a distinção chomskiana entre competência e performance. Uma coisa é o saber fazer lingüístico (competência) e outra o efetivo fazer, com as inevitáveis limitações, falhas e lapsos.

***

A plena potencialidade expressiva da língua, com o ilimitado das realizações frasais, pressupõe o domínio do elenco completo das regras gramaticais, incluído o léxico também completo. Existirá, nalguma parte, essa "língua total"? Na verdade, a língua só existe em "cópias" parciais, distribuída pelas mentes dos falantes. De memória gráfica, não temos dicionário completo, e as gramáticas são os registros lacunosos e assistemáticos que todos conhecemos.

Isso justifica a noção chomskiana de falante-ouvinte ideal, um cérebro idealizado, depositório exaustivo do sistema total de signos e das regras do uso desses signos.

O sistema de regras para frases bem formadas, nenhuma malformada. "Bem formado" quer dizer "gerado pelas regras da gramática", portanto, gramatical. Só não usei este termo para evitar tautologia na definição: gramática, sistema de regras que gera frases gramaticais... Nenhuma frase malformada: ao mesmo tempo que derivam estruturas gramaticais, as regras impossibilitam ou bloqueiam a derivação de estruturas não-gramaticais ou ingramaticais.

Sabemos todos que na fala e na escrita ocorrem frases malformadas, ingramaticais; trata-se de falhas de performance, e não da competência do falante ou do escrevente (ninguém, afinal, é falante-escrevente ideal...). O próprio autor da malformação saberá identificar a(s) ingramaticalidade(s).

O cotejo do bem formado (gramatical) com o malformado (ingramatical) é uma boa técnica para formular ou explicitar a(s) regra(s) subjacente(s). Assim, em Deixei-**o** entrar/*Deixei-**lhe** entrar // Permiti-**lhe** entrar/*Permiti-**o** entrar, as malformações ou ingramaticalidades, marcadas com o asterisco, ajudam a descobrir como são e como não são as regras que geram as estruturas bem formadas. O sistema completo dessas regras deve ser tal que possa arrolar "nada mais e nada menos que todas as frases boas (bem formadas) da língua".

O sistema de regras **relaciona significado** (conteúdo) **e significante** (expressão). As cadeias ideativas (morfemas, palavras), geradas pelas regras semânticas e sintáticas, corporificam-se em cadeias sonoras, geradas pelas regras fonológicas. Sabemos desde Saussure que isso é indispensável para haver **signo** lingüístico: a relação **significado-significante**.

Durante todo o processo de geração de uma frase, são as regras gramaticais que garantem a devida ligação entre as diversas estruturas geradas, entre as respectivas entradas (*inputs*) e saídas (*outputs*).

O sistema de regras atribui às frases geradas a respectiva **descrição estrutural**. Qualquer frase é um todo orgânico, uma estrutura, e, como tal, representável por um desenho: linhas, parênteses ou colchetes figurando as relações entre os constituintes da frase. Um desses desenhos é o diagrama-árvore (diagrama arbóreo ou simplesmente diagrama): a raiz representando a unidade frasal, e sucessivas ramificações, as camadas de constituintes, com ramos dando em nós ou nódulos, até os últimos destes (terminais), que rotulam as classes em jogo.

Uma tal descrição é naturalmente um "artifício" gráfico da gramática "artificial", mas um artifício justificado pela consciência ("inconsciente") estrutural implícita na competência lingüística do falante: as regras geram estruturas, e estas são forçosamente concebidas como tais, isto é, como sistemas de relações, condição para serem interpretadas corretamente.

***

Alguns exemplos de descrição estrutural, que procurem dar conta da percepção estrutural intuitiva de qualquer falante nativo de português. A diferença entre (1) **mais bem explicado** e (2) **melhor explicado** — duas possibilidades, igualmente gramaticais — radica em duas estruturas básicas diferentes: **A — ((mais) (bem explicado)) — B — ((mais bem) (explicado))** — neste caso, a combinação (mais bem) obedece a uma regra de gradação adverbial sintética — melhor. Compare-se: mais bom humor / melhor humor = ((mais) (bom humor)) / ((mais bom) (humor)).

Uma frase como (3) **O arquiteto sonha com mansões na praia**, fora de contexto, admite duas interpretações estruturais, e qualquer falante pode perceber isso: **A — (O arquiteto (sonha) (com mansões) (na praia)) — B — (O arquiteto (sonha) (com mansões na praia))**. Ou seja: A — na praia ele sonha com mansões; B — sonha com mansões de praia (a ter, construir...?).

Interpretar corretamente qualquer frase implica perceber — "ver" de certa forma — as relações entre palavras e grupos de palavras. Quem permite isso são as regras que geram as estruturas por etapas. Vale para quem faz e/ou interpreta as frases, e para quem lhes desenha a estrutura. A descrição estrutural gráfica só é possível porque existe primeiro a consciência da estrutura, uma "descrição" estrutural mental, gerada pelas regras da gramática implícita, intuitiva.

E chegamos ao termo mais crucial da nossa definição: o caráter **intuitivo** da gramática. O sistema de regras é **apreendido** (interiorizado) **intuitivamente e intuitivamente compartilhado pelos membros de uma comunidade lingüística.**

A competência lingüística é intuitiva, pois não se trata de saber racionalizado, capaz de se apoiar ou justificar numa metalinguagem, técnica ou não. Se perguntarmos a alguém por que fala de certa maneira ou de outra, ele não saberá explicar; só sabe que é assim que se fala. O falante nativo, tendo interiorizado a gramática da língua, "sabe" quais são as frases sinônimas, ambíguas, etc. Um saber prático, não teórico; um saber sintético, não analítico, discursivo: um saber imediato, não mediatizado por alguma teoria das ciências da linguagem. Um saber de intuição, a "competência lingüística" de fazer, interpretar e julgar frases.

"**Intuição do sujeito falante**: a capacidade do sujeito falante, que interiorizou a gramática específica de uma língua, de formular sobre os enunciados emitidos nessa língua julgamentos de gramaticalidade, de sinonímia e de paráfrase" (Jean Dubois et al., *Dictionnaire de linguistique*, Paris, 1973).

Essa intuição faz parte da faculdade de linguagem, comum a todos os humanos. Independe, pois, de graus de inteligência e cultura. Mesmo analfabetos sabem de intuição o que são frases bem ou malformadas do seu nível: também a sua linguagem, como qualquer outra, é estritamente gerada por regras. Da mesma forma os povos primitivos mais rudes se guiam pela intuição para fazer, interpretar e julgar as frases dos seus irmãos de língua.

Não se confunda intuição lingüística com algo como palpites, adivinhação, preferência subjetiva, ou como uma reação instintiva, irracional. Bergson* está certo quando afirma que a **verdadeira intuição é reflexão**; não é contra a inteligência ou o raciocínio, mas além e acima deles. Uma reflexão sintética, não discursiva, de evidência imediata, queimando etapas de encaminhamento raciocinado.

***

Em lugar de "intuição lingüística" ocorrem também expressões como "ouvido" ou "sentimento lingüístico". As pessoas falam ou escrevem "de ouvido"; "sentem" quando um enunciado é correto ou bem formado (gramatical), incorreto ou malformado (ingramatical), quando é ambíguo, etc. Pois "ouvido" e "sentimento" são apenas expressões metafóricas para designar o cotejo intuitivo das frases com o sistema de regras que as devem gerar. "Sentimento lin-

---

* Henri-Louis Bergson (1859-1941), filósofo francês. (N. C.)

güístico" não passa de uma denominação impressionística, como muito bem observou a psicolingüista romena Tatiana Slama-Cazacu: "Expressão que, pessoalmente, não subscrevemos porque não nos diz nada e parece, mesmo, incorreta: os fatos aqui incluídos de hábito não decorrem do domínio 'sensorial' [intuição sensitiva] ou 'afetivo' [intuição psicológica, emotiva], mas do pensamento, ou, mesmo, de uma consciência lingüística" (*Psicolingüística aplicada ao ensino de línguas*, 1979).

Intuição lingüística como "consciência lingüística": uma "consciência inconsciente", se assim podemos dizer.

Na verdade, a intuição lingüística é governada, orientada por regras, aquelas que constituem a gramática (incluída muita coisa de uma gramática universal, regras universais de comportamento verbal). "Intuo" que uma frase complexa que nunca ouvi nem li é bem ou malformada, não porque a submeta a raciocínios ou análises explícitas (semântica, sintática, morfológica, fonológica). Simplesmente cotejo essa frase com a minha gramática interiorizada; esta é que aprova ou reprova, numa análise, sim, mas direta, instantânea, imediata, isto é, sem mediação de raciocínios ou laboriosas decomposições explícitas.

Suspeito que toda intuição seja alguma coisa parecida com isto: o resultado cognitivo do cotejo instantâneo de uma realidade ou fato com o sistema de regras que os gera e, portanto, explica.

Todos procedem intuitivamente em linguagem, mesmo os cérebros de mais fortes tendências racionalistas ou logicistas. Nas dúvidas mais cruciais de linguagem quem nos socorre decisivamente não é o raciocínio (análise consciente) — muito menos os livros —; é, sim, a intuição (análise inconsciente).

Algumas evidências. Não há escola nem livro que dê (saberia dar?) as regras da ordenação dos determinantes e dos "auxiliares". E contudo qualquer falante sabe as regras, pois reconhece imediatamente o que está de acordo com elas (o que é regular, gramatical) ou não (irregular, ingramatical): **todos os nossos outros**..., e não *os todos nossos outros..., *todos nossos os outros..., *todos os outros nossos..., etc.; **deve ter estado começando a**..., e não *tem devido começar a estar..., *deve estar tendo começado, *começa a dever ter estado..., etc.

Falemos da sintaxe de **pobre** e **coitado**. Vejam quanta coisa a gente sabe e não está em nenhuma das gramáticas que conheço: (1) Pobre criança — (2) Pobre da criança — (3) *Coitada criança — (4) Coitada da criança — (5) Coitada dela — (6) Coitada — (7) Pobre dela — (8) *Pobre — (9) Pobrezinha da criança — (10) Coitadinha da criança — (11) Pobrezinha — (12) Coitadinha — (13) *Pobrezinha criança — (14) *Coitadinha criança.

Por que (1) Pobre criança, mas não (3) *Coitada criança? Por que (1) Pobre criança, mas não (13) *Pobrezinha criança? Por que (6) Coitada, mas não (8) *Pobre? Por que não (8) *Pobre, e no entanto (11) Pobrezinha?

Por quê? A gente não sabe, e no entanto "sabe". Sabe em nós a gramática implícita, a gramática intuitiva.

CARACTERÍSTICAS DA GRAMÁTICA NATURAL Falemos agora dos traços que caracterizam a gramática natural em contraste com a artificial.

1. O primeiro traço é seu caráter **intuitivo**, já comentado no fecho da definição de gramática. Todos os falantes aprendem esta por intuição e também por intuição a partilham com os demais falantes.

Como intuitiva, a gramática natural contrasta com a artificial, que é discursiva, racionalizada, muitas vezes logicista, a desentender-se com a lógica (interna, sistêmica) da língua.

Trata-se de um saber **inconsciente**: o falante não saberia dizer por que fala de certa maneira, e não de outra. Não saberia enunciar as regras que observa, não tem consciência delas. A sua competência lingüística é "um saber só de experiências feito" (*Os lusíadas* IV, 94), feito de ouvir e fazer frases. Saber prático, não teórico.

Um saber implícito, e não explícito: quem explicita (pretende explicitar) as regras em seus detalhes é a gramática artificial.

2. Por ser intuitiva, inconsciente, implícita, **a gramática não pode ser ensinada/aprendida** explicitamente, à maneira dos outros conhecimentos e disciplinas. Imagine-se as mães tendo de "ensinar" aos filhos a gramática da língua: frase, sujeito/predicado, complemento, predicativo, concordância do verbo e do adjetivo, regência, coordenação, subordinação, etc., etc., etc. Ainda que se tratasse de mães de alta especialização e treinamento lingüísticos, elas não teriam qualquer chance de sucesso nesse ensino explícito.

A língua é aprendida, sim, ao natural. Ela é de certa forma **auto-ensinada**. A partir das frases ouvidas a criança levanta hipóteses de regras (ver Chomsky na introdução aos *Aspectos da teoria da sintaxe* (1975), em *Linguagem e pensamento*, etc.), que vão se confirmando ou não; as que se confirmam vão estruturando a gramática.

3. A gramática é individual, embora, em nível social, compartilhada com as outras gramáticas individuais dos demais membros da comunidade lingüística. Um saber pessoal: cada um cria o seu "sistema lingüístico individual" por

um processo de "autoformulação de regras" (Tatiana Slama-Cazacu, *Psicolingüística aplicada ao ensino de línguas*, 1979). É como se, jogada à água, a criança tivesse de aprender sozinha a nadar; sem ensino de ninguém, teria de aprender as regras — a gramática — da natação.

Não há pois, nesse aprendizado natural, a relação professor-aluno, que caracteriza a gramática artificial. O aprendiz da língua primeira (materna) é agente e paciente, sujeito e objeto, professor e aluno a um só tempo.

4. A gramática natural é gramática de **fala**. Gramática da verdadeira língua ou língua primária — a falada. A escrita vem depois, quando vem (não esquecer a situação dos povos ágrafos e dos cidadãos analfabetos). A expressão corrente "falar (escrever) de ouvido" evidencia bem esse traço da verdadeira competência lingüística; não fosse assim, fosse realidade básica a escrita, e deveríamos dizer "falar (escrever) de vista ou de olho"... E aqui novo contraste com a gramática artificial, que justamente privilegia a escrita. Ela não tira normalmente suas regras dos textos (literários) de escritores — clássicos do passado, de preferência?

5. A gramática natural é **completa**, ao menos suficiente para o desempenho lingüístico normal. A criança aprende todas as regras necessárias para fazer as frases de que necessita na sua comunicação cotidiana. Incompleta, lacunosa é — inevitavelmente — a gramática artificial.

***

Diz Wilhelm von Humboldt (*Über die Verschiedenheit des menschlichen sprachbaues* [Sobre a diversidade da estruturação lingüística humana]) que "em cada pessoa humana se encontra a língua em toda a sua extensão, o que não quer dizer outra coisa senão que cada um, por meio de certa potência modificante, que impele e que restringe, tem uma tendência controlada para dominar a língua toda, tal como esta se produz paulatinamente por incitação exterior ou interior" (apud N. Chomsky, *Lingüística cartesiana. Um capítulo da história do pensamento racionalista*. Madri, 1969, livro cuja leitura recomendo com entusiasmo. Há uma tradução brasileira).

Para poder elaborar (estruturação interna) e executar (estruturação e realização externa) as suas frases, é forçoso para o falante dominar toda a gramática, isto é, o sistema completo das regras gramaticais — todas as regras necessárias de semântica, de léxico, de sintaxe, de morfologia, de fonologia. Obviamente, todas as regras do respectivo nível lingüístico sociocultural, o qual se caracteriza, entre outros limites, por restrições de vocabulário. Ninguém domina todas as regras de uma língua total (por isso mesmo, como vimos, a ficção do "falante/ouvinte ideal").

Em todo o caso, esta noção de gramática completa — gramática suficiente para fazer/entender todas as frases necessárias no trato humano diário — choca-se frontalmente com os preconceitos vulgares de língua e linguagem. Sobretudo não combina nem um pouco com os lamentos de que "ninguém sabe direito a sua língua", "todos falam errado", etc.

Qualquer criança ou analfabeto, na feitura da frase mais simples, aplica todas as regras necessárias, inúmeras delas ausentes das nossas gramáticas e que poucos professores, mesmo lingüistas, conseguiriam formalizar ou simplesmente enunciar. Onde estão, em nossas gramáticas, as regras de entoação, de graus de intensidade, de juntura, de ligação de fonemas, de harmonização vocálica (minha colega Leda Bisol doutorou-se na matéria, com uma tese suficientemente volumosa envolvida), da estruturação silábica, etc.?

Diante de qualquer gramática de falante — mesmo de analfabeto —, as gramáticas escritas não passam de exercício diletante, amadorístico. E lacunosíssimo: talvez 10% de regras (muitas arbitrárias, discutíveis) que só fazem sentido pelo subentendimento dos 90%, ou melhor, do sistema total verdadeiro, natural. Uma evidência de que poucos se dão conta.

Naturalmente, ter na cabeça **TODA a gramática necessária para a comunicação** não inclui necessariamente regras especiais da comunicação culta, sobretudo escrita, nem, muito menos, regras preconceituosas e puristas que caracterizam o gramaticalismo de tanto professor de língua materna. Diferenças entre **ao encontro de** e **de encontro a**, **assistir** e **assistir a**, **despercebido** e **desapercebido**, **onde** e **aonde**, **vende-se** e **vendem-se**, etc. podem não ser "pertinentes" do ponto de vista sistêmico da língua e da comunicação. Por isso mesmo obedecem a regras variáveis, e não a categorias, como as do impertinente purismo tradicional.

Como o ensino tradicional põe a ênfase justamente nessas regras não pertinentes da linguagem culta escrita formal (hiperformal), é natural que fique a impressão de que os alunos — na verdade todas as pessoas, professores incluídos... — não dominam a gramática da sua língua.

ADEQUAÇÃO COMUNICATIVA A gramática é **variável**, porque toda língua o é, "unidade na variedade" (H. Schuchardt). Na definição de gramática ficou dito que o sistema de regras gera TODAS as frases da língua. Por limitação técnica e para efeito prático costuma-se restringir a atenção a uma variedade da língua, normalmente a chamada "língua culta padrão". Mas entendido o conjunto total das variedades idiomáticas como faces de uma mesma língua, digamos a portuguesa, está-se supondo a existência de uma GRAMÁTICA TOTAL de regras que gere toda e qualquer frase definível como portuguesa, em não importa que tempo ou região, comunidade ou nível cultural.

Costuma-se distinguir variedades de época ou diacrônicas, de lugar ou diatópicas, e de nível social ou diastráticas.

Variedades diacrônicas: como sistema, a língua é sincronia; mas em toda sincronia, com o grosso do sistema, convivem formas em vias de desaparecer e outras em vias de afirmação: os falantes mais idosos com seus arcaísmos e os mais jovens com neologismos.

Variedades regionais: por mais unitário e pouco diversificado nos usos e costumes que seja um país, sempre se podem observar variações — dialetos, falares ou como se chamem.

Variedades sociais são sempre flagrantes. A estratificação sociocultural traduz-se forçosamente em estratificação lingüística. Falas de doutor, de (apenas) escolarizado e de analfabeto — simplificando a classificação — manifestam diferenças nas regras gramaticais que as geram.

Todo sistema lingüístico é, na verdade, um **sistema de sistemas**. Um supersistema ou **diassistema**, como às vezes se diz. E a gramática de uma língua é pois uma **gramática de gramáticas**. Isto se define na variação das regras, no número destas, abrangência, caráter obrigatório ou facultativo. Há regras gerais válidas para todas as variedades, e há regras específicas para este ou aquele dialeto. Há regras categóricas e regras variáveis.

Uma subjacência como [[INTERROGAÇÃO — Paulo] [DECLARAÇÃO — NEGAÇÃO — eu — PASSADO ver — Paulo]] pode exteriorizar-se variadamente conforme as regras aplicadas: (1) O Paulo? Eu não o vi. (2) O Paulo? Eu não vi. (3) O Paulo? Não vi. (4) O Paulo? Não vi ele. (5) O Paulo? Não vi ele, não. (6) O Paulo? Vi não. (7) O Paulo? Num vi (não). Etc.

Citam ainda o **registro** entre as variantes lingüísticas: "mudanças no uso da língua por parte de um falante, conforme a situação social" (Mattoso, *Dicionário de lingüística e gramática*, 1977 — verbete "registro"). O registro não me parece uma variedade a mais, e sim o recurso à variabilidade expressional dos dialetos, sobretudo socioculturais, com a finalidade de apropriar cada ato de fala às suas exigências circunstanciais.

A noção de registro é muito importante para a conceituação moderna de gramática, gramaticalidade (relacionada a gramática — competência lingüística) e aceitabilidade (relacionada a gramática — competência lingüística) e aceitabilidade (relacionada ao desempenho lingüístico circunstancial). Tradicionalmente, a linguagem era julgada em função das regras de uma Gramática normativa uniforme, inflexível, induzidas de textos dos "clássicos da língua". Daí naturalmente a idéia, tão difundida ainda hoje, de que "todos falamos errado". Já as modernas ciências da linguagem nos advertem de que os atos de fala (e escrita) devem ser julgados com critérios funcionais, levados em conta os respectivos elementos, fatores e circunstâncias: falante, ouvinte, assunto, objetivo(s), situação, etc.

Qualquer pessoa sabe de experiência que "o registro da conversação familiar é diferente do de uma conversação cerimoniosa, o registro da língua escrita diverge do da língua oral, e na literatura há um registro especial [...]. O erro e a correção [da linguagem] têm de ser avaliados dentro de um registro dado e não partindo-se uniformemente da língua literária para condenar tudo que se diz noutros registros, fora dessa norma" (idem).

Se se tem em vista o funcionamento ou a prática natural da linguagem, o mais acertado é substituir o critério de **correção** pelo de **adequação comunicativa**. Verdadeiramente correto é aquele que se comunica adequadamente, ajustando as virtualidades expressionais da língua àquilo que no ato verbal está em jogo.

Levantamento — pioneiro, salvo engano — de diferenças de registro no português do Brasil fez Francisco Gomes de Matos, que distingue três registros: informal, neutro ou padrão, e formal (*Litera*. Rio de Janeiro, 16: 27-31, jun.-dez. 1976).

Algumas amostras desse levantamento, para encerrar esta seção sobre variabilidade gramatical devidamente exemplificada, em que foram usadas as iniciais de Informal (I), Neutro (N) e Formal (F); a numeração é da lista do autor.

(1) (N) José? Mandei comprar o jornal.
(I) José? Mandei ele comprar o jornal.
(F) José? Mandei-o comprar o jornal.

(3) (I) Fazem dez dias que não fumo.
(N) Faz dez dias que não fumo.

(4) (I) Fui na casa de Paula ontem.
(N) Fui à casa de Paula ontem.

(8) (I) A vendedora fez tudo para mim comprar o produto.
(N) A vendedora fez tudo p(a)ra eu comprar o produto.

(14) (I) Maria está melhor vestida do que Luísa.
(F) Maria está mais bem vestida do que Luísa.

(18) (I) Acabou de chegar mais duas pessoas.
(N) Acabaram de chegar mais duas pessoas.

(32) (I) Eu falo consigo amanhã.
(N) Eu falo com você amanhã.
(F) Eu falo com o senhor amanhã.

(33) (I) Prefiro cinema do que televisão.
(N) Prefiro cinema a televisão.

(44) (I) Isso é pra mim fazer agora?
(N) Isso é para eu fazer agora?

Todos os falantes conhecem, de ouvir e de falar, essa variabilidade lingüística. Um ensino atualizado de língua materna saberá substituir o tradicional absolutismo gramatical pelo relativismo lingüístico.

Dogmatizar ou simplesmente sugerir, no ensino, que só existe uma variedade correta de língua, é "desensinar", deseducar o aluno. Professor-educador é aquele que sensibiliza o aluno à variabilidade da conduta humana, e o orienta para as opções mais sábias e adequadas.

Dada a variabilidade gramatical, "cada falante é um poliglota na sua própria língua" e "a grande missão do professor de língua materna [...] é transformar seu aluno num poliglota dentro de sua própria língua, possibilitando-lhe escolher a língua funcional adequada a cada momento de criação (Evanildo Bechara, *O ensino da gramática: opressão ou liberdade?*. ABRALIN Associação Brasileira de Lingüística, Recife, 1: 36-40, dez. 1981).

ENSINO DA LÍNGUA E TEORIA GRAMATICAL

Um dos pontos nevrálgicos do nosso ensino de língua materna é a utilização de uma teoria ou de teorias de Gramática nas aulas. Como se sabe, o ensino tradicional tem-se caracterizado por ser mais teórico que prático. Ora, isso será intimamente ligado à questão de, no ensino, **partir do saber lingüístico dos alunos**. Convém, pois, examinar detidamente esse problema.

Observe-se que a afirmação "cada pessoa sabe a língua que fala" (Chomsky, 1981) equivale a esta outra: cada pessoa sabe a gramática da língua que fala, visto que para falar uma língua é indispensável dominar o respectivo "sistema de regras" (= gramática); e como toda gramática é uma "teoria da língua" (cf. Chomsky, *Aspectos da teoria da sintaxe*, 1975): "a criança constrói uma gramática, isto é, uma "teoria da língua"), chegamos ao natural a uma terceira versão para a mesma afirmativa: cada pessoa sabe a teoria da língua que fala.

Naturalmente, assim como distinguimos entre gramática implícita e explícita, a equivalência acima impõe igual distinção entre teoria (da língua) **implícita** e teoria **explícita** (cp. intuitiva/racional, natural/artificial). Mas isso não afeta a essência da afirmação: **quem fala uma língua, sabe a teoria dessa língua**.

Antes de meditar sobre as conseqüências dessa concepção de língua-gramática-teoria lingüística para o ensino da língua materna, convém reler atentamente algumas passagens de Chomsky que vêem a aquisição de uma língua como a construção intuitiva da respectiva teoria.

"Podemos, com efeito, considerar a gramática internalizada por cada ser humano normal como uma teoria da sua língua. Essa teoria dá uma correlação som-sentido para um número infinito de sentenças (frases). Ela provê um conjunto infinito de descrições estruturais. Cada descrição estrutural contém uma estrutura de superfície que determina a forma fonética e uma estrutura profunda. Em termos formais, portanto, podemos descrever a aquisição da linguagem pela criança como uma variedade de construção de teoria. A criança descobre a teoria de sua língua com uma pequena quantidade de dados dessa língua. Não só a sua teoria da língua tem um grande poder preditivo, como também permite à criança rejeitar grande parte dos próprios dados sobre os quais a teoria foi construída. A fala normal consiste, em grande parte, de fragmentos, inícios interrompidos, misturas e outras distorções das formas ideais subjacentes. E no entanto o que mostra o estudo do uso amadurecido da linguagem é que o que a criança aprende é a teoria subjacente ideal. É este um fato notável. Devemos ter em mente também que a criança constrói essa teoria ideal sem instrução explícita, que adquire esse conhecimento numa fase em que não é capaz de grandes desempenhos intelectuais em muitas outras áreas, e que essa realização é relativamente independente de inteligência ou do curso particular da experiência de cada um. Esses são fatos que uma teoria do aprendizado deve encarar" (Chomsky et al., *Novas perspectivas lingüísticas*, 1970).

"[...] a aquisição da linguagem se baseia na descoberta pela criança daquilo que, de um ponto de vista formal, constitui uma teoria profunda e abstrata — uma gramática generativa da língua..." (Chomsky, *Aspectos da teoria da sintaxe*, 1975).

***

Aprender uma língua: a partir das frases que se ouvem, construir na mente, interiorizar (ou, à inglesa, internalizar), a respectiva teoria lingüística subjacente. Uma teoria complexa, soma estruturada de várias teorias parciais: semântica, morfológica, sintática, fonológica, fonética.

TEORIA SEMÂNTICA: teoria da significação das palavras e das construções; significação lexical e gramatical, natural e figurada; denotação e conotação; significado e sentido; sinonímia/antonímia e distribuição complementar; polissemia; etc.

TEORIA MORFOLÓGICA: morfemas e alomorfes; estrutura vocabular; classes e categorias mórficas; partes do discurso; derivação e flexão; paradigmas; etc.

TEORIA SINTÁTICA: estruturação de textos, frases, orações e locuções (sintagmas); teoria de análise sintática; colocação das palavras; processo de coordenação e subordinação; estruturas e funções gramaticais; concordância; etc.

TEORIA FONOLÓGICA E FONÉTICA: fonemas e alofones; traços fônicos distintivos; neutralização; distribuição; pronúncia e ligação de fonemas; estruturação silábica; distribuição dos acentos; entoação; etc.

Os "etc." da relação são forçosos para ressalvar as inevitáveis lacunas e omissões. Uma teoria assim ou é completa ou não é teoria. Quero dizer: qualquer teoria autêntica, natural, deve ser sistemática, integral e suficiente para viabilizar a respectiva prática, ou ela não existe. É naturalmente o caso da língua-gramática "teoria" da fala ou do discurso (oral e, possivelmente, escrito).

A lista acima dá, a qualquer leitor, uma idéia de quanto é complexa uma teoria de língua (uma gramática); mas só as modernas ciências da linguagem podem dar uma idéia mais exata dessa complexidade. Então a pergunta: é possível uma criança de cinco anos ter interiorizado a teoria da língua materna? Uma criança, "sem instrução explícita", "numa fase em que não é capaz de grandes desempenhos intelectuais", independentemente do grau de inteligência e nível sociocultural e "do curso particular da experiência" (Chomsky et al., *Novas perspectivas lingüísticas*, 1970) — é possível? Por assombroso que pareça, isso é possível, pois se repete em todas as crianças; e toda pessoa, mesmo analfabeta ou criancinha, sabe a teoria da língua que fala.

O que torna possível, a crianças, interiorizar essa complexíssima teoria de teorias? Só vejo uma explicação, aquela a que recorre o fundador da Lingüística Gerativa: a precondição inata da **gramática** (teoria lingüística) **universal**, "predisposição inata da criança a desenvolver um certo tipo de teoria para tratar as informações (dados de fala) que lhe são apresentadas" (Chomsky, *Aspectos da teoria da sintaxe*, 1975).

Assim como qualquer pássaro, ao natural, "aprende" (não é o termo exato) a voar, e o peixe a nadar, portanto acabam dominando a "teoria do vôo" e a "teoria do nado", assim qualquer criança, ao natural, "aprende" (termo inexato) a falar, portanto acaba dominando a "teoria da fala".

No caso da criança, a construção da teoria consistiria em, a partir dos atos da fala que ela ouve, sucessivamente levantar hipóteses até se confirmarem, apoiando-se num "conjunto de hipóteses possíveis inatamente determinadas, determinando as condições de interação que levam o espírito a aventar hipóteses a partir deste conjunto, e fixando as condições em que uma hipótese destas é confirmada, e, talvez, as condições pelas quais grande parte dos dados são rejeitados como destituídos de importância, por uma razão ou outra" (Chomsky, 1971).

***

Ainda duas passagens de Chomsky sobre a teoria lingüística universal inata:

"[...] suponhamos que atribuímos ao espírito, como propriedade inata, a teoria geral da linguagem que chamamos 'gramática universal'. [...] A teoria da gramática universal então oferece um esquema ao qual uma gramática particular tem de se conformar. [...] O que o aprendiz de língua enfrenta, nessas condições, não é a tarefa impossível de inventar uma teoria estruturada altamente abstrata e complexa, tendo por base os dados degenerados, mas antes a tarefa muito mais realizável de determinar se esses dados pertencem a um ou outro conjunto bem restrito de línguas potenciais" (Chomsky, 1971).

"[...] a criança constrói uma gramática — isto é, uma teoria da língua, da qual as frases bem formadas dos dados lingüísticos primários constituem uma pequena amostra. [...] uma criança deve ter a capacidade de 'inventar' uma gramática generativa [...] muito embora os dados lingüísticos primários que ela usa como base para este ato de construção teórica possam ser deficientes em vários aspectos, do ponto de vista da teoria que ela constrói. [...] (Como condição prévia à aprendizagem da língua, ela possuir, em primeiro lugar, uma teoria lingüística que especifique a forma da gramática duma língua humana possível e, em segundo lugar, uma estratégia para selecionar uma gramática de forma apropriada que seja compatível com os dados lingüísticos primários. Como tarefa a longo prazo para a Lingüística Geral, poderíamos propor o problema de desenvolver uma explicação desta teoria lingüística inata que fornece a base para a aprendizagem da língua" (Chomsky, *Aspectos da teoria da sintaxe*, 1975).

É como se, à vista (ao ouvido...) dos dados lingüísticos de cada ato de fala, a criança os cotejasse com os princípios gerais inatos (da "gramática universal"), a fim de delimitar os princípios particulares (da gramática particular) segundo os quais aqueles dados foram construídos ou gerados. Ou, recorrendo a uma figura: à ampla pauta da gramática universal preexistente, o falante-aprendiz vai sobrepondo a pauta delimitada da gramática particular e assim identificando, uma a uma, as regras que geram e explicam os dados em observação.

Nem preciso dizer que essa teoria de uma *gramática universal inata* não é pacífica (nem original de Chomsky, remontando pelo menos aos gramáticos cartesianos). Preferem os contestadores explicar a aquisição da linguagem como um processo de estímulo-resposta, imitação e analogia (os behavioristas), ou atribuí-la vagamente às capacidades cognitivas, ou a alguma capacidade cognitiva particular da espécie humana. Chomsky, quer-me parecer, nada mais faz do que dar um nome (discutível) a essa capacidade.

Pessoalmente, vejo essa hipótese da gramática universal inata como a única capaz de explicar o "milagre" da aquisição de qualquer língua por qualquer criança e sobretudo a facilidade e a rapidez com que isto se processa. Como seria isso possível sem bases ou modelos prévios? Como explicar, por outra teoria, a capacidade, numa inexperiente criança, de expurgar ou peneirar os dados lingüísticos primários refugando anomalias, equívocos, hesitações, etc. — a capacidade de "eco seletivo" (Slama-Cazacu)? Como explicar que tão cedo, ainda em fase de aprendizagem, a criança possa surpreender os adultos com frases, novas de estruturas a que ainda não foi exposta?

Como explicar que qualquer criança "aprende" muito mais, e muito além do que lhe é ensinado pelos dados de fala que ela ouve?

***

Toda criança normal, até por volta dos cinco ou seis anos de idade, interioriza, constrói ou "inventa" (no sentido etimológico de "achar, descobrir") a gramática e a teoria de sua língua materna.

A construção de uma gramática, de uma teoria gramatical ou lingüística, por parte de qualquer criança, de todas as crianças que aprendem a falar: compreendo que isto soe estranho, incrível; mas uma breve reflexão sobre a natureza e características dessa "teoria" evidenciará que não vai nenhum exagero na afirmação.

Trata-se de uma **teoria primeira** que não deve ser confundida com a **teoria segunda**, aliás, teorias segundas, teorias de teoria, tentadas por gramáticos, filólogos, lingüistas, professores, etc.

As características dessa teoria gramatical ou lingüística da criança são as mesmas da gramática "natural", e por isso serão retomadas aqui algumas idéias já apresentadas.

1. É um processo **natural.** Dada a complexidade de qualquer sistema lingüístico, apreender a respectiva teoria parece uma façanha incrível: a criança precisa ser um verdadeiro lingüista, *lingüista inconsciente* (cf. Dan Isaac Slobin, *Psicolingüística*, 1980). Aliás, esse psicolingüista cita o russo Kornei Chukovsky (*From two to five* [Dos dois aos cinco], 1963):

"Causa espanto pensar na quantidade enorme de formas gramaticais que são derramadas sobre a pobre cabeça de uma criança pequena. E ela, como se nada houvesse, adapta-se a todo esse caos, constantemente separando em títulos os elementos desordenados das palavras que ouve, sem perceber como faz isso, o que constitui um gigantesco esforço. Se um adulto tivesse de dominar tantas regras gramaticais em tempo tão breve, sua cabeça explodiria, na certa, com toda essa massa de regras dominadas com tanta naturalidade e liberdade pelos 'lingüistas' de dois anos de idade. O trabalho que a criança realiza nessa idade é extraordinário, sim, mas ainda mais surpreendente e incompatível é a facilidade com que ela o executa. Na verdade, uma criancinha é o mais admirável trabalhador de nosso planeta. Felizmente, ela nem mesmo suspeita tal coisa".

Vejam a aparente contradição: gigantesco esforço, trabalho extraordinário/ naturalidade, facilidade, "como se nada houvesse" (também Slama-Cazacu, *Psicolingüística aplicada ao ensino de línguas*, 1979, chamou a atenção para isso). Pois a contradição desaparece se levarmos em conta que aprender uma língua (ou línguas) é um processo humano *natural*, é da *natureza* do homem — ser de linguagem. "A criança tem a inclinação natural e a capacidade de desenvolver um sistema de comunicação estruturado" (Goldin-Meadow, apud

Slobin, *Psicolingüística*, 1980). Relembre-se a metáfora eletrônica de Lenneberg (Chomsky et al., *Novas perspectivas lingüísticas*, 1970): o homem é um ser "programado" para a linguagem. Ou, em outra figura, usada por Slobin (ibid.): está "pré-sintonizada" para isso, pois há "um perfeito ajustamento entre a natureza universal da língua e a natureza das estratégias de aquisição da língua por parte da criança".

Assim, a teoria lingüística primeira é uma teoria natural, a não confundir com a teoria segunda — do lingüista, que é teoria "artificial". Essa poderia nem ocorrer, que não faria falta à prática da língua.

2. É uma teoria **implícita**, **intuitiva**. Trata-se de um saber direto, imediato, sem a intermediação do raciocínio, de análise consciente. A razão tende ao logicismo, a desentender-se com a lógica natural (inerente, sistêmica) da língua. O falante não sabe por que fala de certo modo, e não de outro, in(con)sciente das regras que sabe.

Teoria não explícita, isto é, não expressa em palavras ou fórmulas. Quem explicita (pretende, tenta explicitar...) é o lingüista, ou o gramático, com suas teorias explícitas.

3. É uma teoria **auto-ensinada**. Por ser inconsciente, intuitiva, a teoria gramatical primeira não pode ser ensinada/aprendida explicitamente, à maneira de outros conhecimentos e disciplinas. Imagine-se as mães tendo que "ensinar" aos filhos a teoria gramatical da língua materna: frase/oração, sujeito/predicado/predicativo, substantivo/adjetivo, advérbio, concordância/regência, etc., etc., etc. Mesmo as altamente especializadas e treinadas em Lingüística e Gramática não teriam qualquer chance de êxito nesse ensino explícito.

A língua é de certa forma *auto-ensinada*. A criança, agente único desse processo: a partir das frases que ouve, formula hipóteses (cf. Chomsky na introdução aos *Aspectos da teoria da sintaxe*, em *Linguagem e pensamento*, *Lingüística cartesiana*, etc.) que se vão confirmando ou não; as que se confirmam vão estruturando, na mente infantil, a teoria da língua.

4. É uma teoria **individual**. Embora, por ser a linguagem um fenômeno social, o saber lingüístico seja compartilhado com os demais membros da comunidade, trata-se de um saber pessoal: cada um (re)cria para si a sua teoria gramatical, seu "sistema lingüístico individual", num processo de "autoformulação de regras" (Slama-Cazacu, *Psicolingüística aplicada ao ensino de línguas*, 1979). É como se, jogada na água, a criança tivesse de aprender, sozinha, a nadar: sem ensino de ninguém teria de aprender a teoria (regras: gramática) do nado.

Não há, pois, nesse aprendizado natural, a relação mestre/aprendiz, professor/aluno, que caracteriza a teoria gramatical segunda, explícita: o aprendiz da língua primeira (materna) é, a um só tempo, agente-paciente, sujeito-objeto, professor-aluno.

5. É uma teoria da **fala**, porque teoria da verdadeira língua, da língua primária, a falada. A escrita vem depois, quando vem (não esquecer a condição dos cidadãos analfabetos e dos povos ágrafos).

A expressão corrente "falar (ou escrever) *de ouvido*" frisa bem esse traço da verdadeira competência teórica em linguagem. E aqui, novo contraste claro com a teoria gramatical explícita, que sabidamente privilegia a escrita. Ela não tira normalmente suas regras dos textos de escritores — de preferência clássicos do passado?

6. É teoria de uma **variedade de língua**. Toda língua é "unidade na variedade" (H. Schuchardt), e a criança constrói a teoria daquela variedade a que é exposta. Para ficar nos extremos: filho de doutor interioriza a teoria da variante culta, e filho de analfabeto interioriza a da variante inculta. Lingüisticamente falando, esta teoria não é inferior àquela. Já a teoria segunda, explícita (escolar), privilegia a teoria da variante culta padrão, aliás por motivos bem compreensíveis. O mal é que ignora — quando não persegue — o embasamento teórico intuitivo que as crianças trazem à escola e que não deixa de ser uma teoria da língua que é ensinada artificialmente. Muito natural que um tal ensino fracasse.

7. É uma teoria **completa**. O que a criança interioriza é a teoria plena da língua, todas as regras necessárias para fazer as frases de que necessita na comunicação cotidiana. Incompleta, cheia de lacunas é — inevitavelmente — a teoria gramatical explícita: só teoriza o que consegue teorizar.

"Em cada pessoa se encontra a língua em toda a sua extensão, o que não quer dizer outra coisa senão que cada um [...] tem uma tendência controlada para dominar a língua toda, tal como esta se produz paulatinamente por incitação exterior ou interior" (Wilhelm von Humboldt, apud Chomsky, *Lingüística cartesiana*. Madri, 1969).

Para poder elaborar (estruturação profunda), completar e adequar (estruturação superficial) e executar (realização oral (ou escrita)) seus textos de comunicação, o falante precisa, forçosamente, dominar a teoria **completa** da sua língua — a teoria semântica, a teoria lexical, a teoria sintática, a teoria morfológica, a teoria fonológica e fonética.

Obviamente, o que o falante domina é a teoria do respectivo nível sociocultural, o qual se caracteriza, entre outros limites, por um léxico definido e demarcado. Nenhum falante domina toda a teoria de uma língua total, pelo fato de que ela se expande no tempo e no espaço — motivo que forçou Chomsky a conceber a ficção do "falante-ouvinte ideal".

8. É uma teoria **estruturada**. Essa noção de teoria total, completa, é na verdade mera conseqüência da natureza da língua. Desde Saussure (*Curso de lingüística geral*) que se vem insistindo que a língua é um *sistema*, uma *estrutura* onde tudo se liga (*tout se tient*). Saber uma língua é, assim, dominar sua estrutura global, seu sistema inteiriço. Não há como falar por compartimentos estanques — só dominando o vocabulário, ou a sintaxe, ou a fonética, etc. Ou se sabe tudo, e integradamente, ou não se sabe a língua.

Desde os primeiros passos de sua auto-aprendizagem, a criança interioriza os fatos da língua estruturadamente, associando sons e significados, analisando tudo sistemicamente, estruturado aos poucos a teoria subjacente. E é natural, forçoso que assim aconteça, já que na mente da criança há um sistema prévio ("gramática universal") servindo de base genérica para a estruturação específica que se impõe ao aprendiz: qualquer que seja a língua, a sua teoria particular, sistema específico, está incluída, prevista nessa teoria geral, sistema genérico.

9. É uma teoria de **comunicação**. A teoria de que a criança deve depreender dos fatos lingüísticos a que é exposta orienta-se pelos atos de comunicação. Atos de fala requerem observância não só de regras propriamente lingüísticas — de sintaxe, léxico, morfologia, etc. —, mas também de regras de comportamento socioverbal e eficiência comunicativa, todas as regras necessárias a comunicações adequadas.

Frases como **Tu concordas?/ Tu concorda?/ Você concorda?/ Cê concorda?/ O senhor concorda?/ O amigo concorda?/ Vossa senhoria concorda?/ Vossa excelência concorda?** são todas normais, regulares, do ponto de vista lingüístico ou gramatical. Anormais, irregulares seriam *****Tu concordo?/ *Tu concordas?/ *Você concordas?/ *Vossa senhoria concordais?** Mas, além dessa questão de gramaticalidade, qualquer falante sabe que a opção entre aquelas várias possibilidades obedece a regras sociolingüísticas, regras de cortesia ou etiqueta de fala — problemas de tratamento, níveis e registros de linguagem, etc.

A frase **A análise percuciente do seu labor induz a concluir pela inexeqüibilidade do projeto** obedece a regras propriamente gramaticais mas não às de adequação comunicativa a um ouvinte inculto. Assim como a frase **É melhor que ele renuncie do que que quem o nomeou o demita**, apesar de gramatical, peca por falta de comunicabilidade, e deve ser bloqueada pelo componente de regras (da gramática) de comunicação.

Seguidores da lingüística gerativo-transformacional recorrem a uma noção de "filtro" para dar conta do bloqueio superficial de produtos frasais defeituosos do ponto de vista comunicativo. Isso mostra bem que, para a fala efetiva, não basta a teoria gramatical no sentido restrito. O saber lingüístico, competência plena de linguagem verbal, comporta o sistema **completo** das regras que governam os atos de fala, e isto inclui necessariamente uma teoria de comunicação.

Prevejo e compreendo objeções. Tal noção de teoria da linguagem extrapola em muito o propriamente lingüístico, ou gramatical. A amplitude desse espectro complica, reconheço, a análise e a descrição do objeto **língua**, mas a complexidade está irremediavelmente na **linguagem** total — objeto específico, me parece, das inquirições lingüísticas. Deficiência não há na teoria natural do falante — ou é integral, ou não funciona; deficiência há, isto sim, nas teorias artificiais, de lingüistas e gramáticos, que pretendem dar conta da competência dos falantes nativos. Não há até hoje — e não carece ser profeta para dizer que não haverá jamais — uma teoria explícita **completa**, reprodução integral da teoria implícita dos falantes (e não precisa ser falante-ouvinte ideal...). É do pensamento ingênuo, isto é, não cientificamente informado, achar que a gramática ou a teoria da língua está nos livros, e que os falantes, em maior ou menor grau, estropiam a língua, justificando afirmações como "Ninguém sabe a língua", "Todos falam/falamos errado", "É impossível saber todas as regras da gramática".

O inverso é que é verdadeiro: "Nenhuma gramática sabe (registra) a língua toda", "Todas as gramáticas são lacunosas e falhas", "É impossível uma gramática saber (registrar) todas as regras da língua".

Vejam como falam homens de ciência, especialistas na matéria:

"Não deveria provocar grande surpresa a extensa discussão e o debate acerca da formulação apropriada da teoria da gramática [...] e da descrição correta das línguas que foram estudadas mais intensivamente. A natureza provisória de quaisquer conclusões que se possam adiantar presentemente sobre a teoria lingüística, ou mesmo sobre a gramática inglesa, portuguesa, etc., deveria ser certamente óbvia para quem quer que trabalhe neste campo. (Basta considerar o grande número de fenômenos lingüísticos que resistem a qualquer formulação esclarecedora.)" (Chomsky, *Aspectos da teoria da sintaxe*, 1975).

"Se o leitor está começando a perceber que todo modelo lingüístico tem fraquezas que o modelo seguinte tenta corrigir, está certo. [...] todos nós carregamos uma gramática que cabe aos lingüistas descobrir. Talvez sejamos todos lingüistas implícitos e temos, inconscientemente, criado gramáticas no processo de aprendermos línguas. Com efeito, em todas as áreas da vida formamos teorias gerais implícitas que dirigem o comportamento. Por exemplo, cada um deve possuir uma teoria complexa da personalidade, construída sobre uma vida toda de experiência da interação social. [...] Como não foi escrita ainda nenhuma gramática completa e adequada do inglês (ou de outras línguas), nenhum de nós conhece realmente as regras do inglês (e de outros idiomas) de acordo com esse critério [de formular regras explícitas]. Podemos segui-las e usá-las implicitamente (em algumas com senso psicológico ainda desconhecido), mas só podemos formulá-las rara e imperfeitamente, sem segurança" (Dan Isaac Slobin, *Psicolingüística*, 1980).

10. Uma teoria dirigida para a **prática**. Vimos que a teoria da língua que a criança vai interiorizando (construindo, "inventando" na sua mente), desde as primeiras relações com o mundo social, tem as características (entre outras) de: natural, implícita e intuitiva, auto-ensinada, individual (apesar de social), de fala, de uma variedade lingüística determinada, completa, estruturada, de comunicação. Deste último traço decorre outro: teoria para a prática.

A teoria que a criança interioriza não tem outra razão de ser senão a de permitir que ela se comunique com os membros da sociedade onde nasceu, para poder sobreviver física e espiritualmente. Assim, é uma teoria nascida **de** e **para** a prática; jamais uma teoria para deleite ou diletantismo do teorista. Uma teoria nascida da prática do outro (mãe, pai, irmãos, vizinhos...) para a prática própria com os outros.

***

Podemos agora refletir nos traços da teoria lingüística segunda — aquela com que se defronta a criança ou o adulto na escola (quando isto ocorre). São traços que formam contraste com aqueles da teoria lingüística primeira: artificial, explícita e racional, heteroensinada, social, de escrita (e fala), da variedade (mais) culta, incompleta, parcialmente estruturada (desestruturada?), tendente a ser uma teoria pela teoria.

1. Teoria **artificial**. No sentido de que não está forçosamente prevista pela natureza; de que é um artefato, produto dependente do desenvolvimento cultural. Há sociedades que não chegam a desenvolver esse produto cultural: os povos sem escrita (ágrafos), por exemplo. Essa teoria artificial só é possível a partir da teoria natural, por um esforço de introspecção e deslindamento daquela teoria que, de natureza, existe nos indivíduos. Observe-se que não vai nenhuma cono-

tação depreciativa, aqui, no termo "artificial". Infelizmente, muitas vezes essa atividade de construir uma teoria (segunda) sobre a teoria (primeira) dá num "artificial" em mau sentido, por infidelidade ao modelo natural.

2. Teoria **explícita**, racional. Trata-se de desdobrar (é o que de origem significa "explicar": desfazer as dobras, "plicas"), um por um, os elementos que estruturam a teoria interior dos falantes. Analisar o que é sintético. Trazer ao plano da consciência o que é inconsciente. Racionalizar: projetar as luzes da razão sobre o que é do nível da intuição. Enfim, tornar explícito o que está implícito no saber intuitivo dos falantes.

3. Teoria **heteroensinada**. O primeiro professor de língua é cada um de si mesmo. Trata-se de uma auto-aprendizagem, de um auto-ensino, partindo de dentro do indivíduo, só possível por causa daquela competência lingüística inata de que já falamos, apoiada em Chomsky. A teoria segunda, não: essa é ensinada e aprendida (quando é) dos outros, na escola, através de um ensino "formal" como também se diz. (Isso lembra outra oposição: auto-educação/heteroeducação). Podemos dizer que, em linguagem, somos todos autodidatas, antes de mais nada. Com pleno êxito, aliás; problemas e fracassos vêm depois, quando nos querem ensinar a língua (um pouco como o pai-nosso ao vigário...).

4. Teoria **social**. Esse ensino artificial, formal, é feito na escola com vistas ao comportamento em sociedade. Também há — digamos — regras de etiqueta verbal, que se espera sejam observadas no trato lingüístico.

A escola, mantida pela classe social dominante, impõe a variante lingüística mais culta para o ensino, desprestigiadas e reprovadas as outras variantes. E a teorização gramatical escolar se faz dentro de uma tradição normativa impositiva essencialmente conservadora (quando não reacionária): em linguagem, a sociedade se policia e se autopune, com mínimas aberturas para a criatividade lingüística individual.

5. Teoria de **escrita** (e fala). Se a teoria primeira é teoria da verdadeira língua, que é fala, essa teoria segunda é teoria do escrever, obsessivamente do escrever certo (segundo preconceitos legados e delegados). Toda a ênfase da teoria lingüística (gramatical) escolar é para a escrita. A pouca atenção para a fala, essa tenda a ser orientada pelas letras: pronuncie assim, pois assim se escreve. Isso também explica a obcecação ortográfica ao longo de todo o currículo escolar. A impressão é que a escola quer formar escritores (escreventes, quando mais não seja), e ao fim e ao cabo nem sabe orientar a fala, que é o que todos precisam no dia-a-dia.

6. Teoria da **língua**. A teoria primeira é teoria de uma variante geossociocultural bem determinada; a teoria segunda, essa pretende ensinar. A língua, espécie de soma de todas as variantes, na verdade está presa a um modelo teórico impreciso, preceituado em livros, em grande parte já obsoleto, a ponto de os próprios ensinantes o ignorarem e vilarem* [sic] a cada passo. Nem podia ser de outra forma, dado que não existem levantamentos dos usos efetivos da dita norma culta que a escola impõe.

7. Teoria **incompleta**. Completa é necessariamente qualquer teoria natural que subjaz a uma prática. Assim a teoria lingüística natural. Mas nenhuma teoria artificial consegue ser completa — muito menos a teoria artificial de qualquer língua. Basta reparar nas modalidades de teorias que se sucedem pelos anos afora. Na verdade, essas teorias acabam enfatizando esta ou aquela parte do seu objeto de especulações, sem atingir nunca qualquer explicação exaustiva. Poderia ser de outra forma? A intuição lingüística domina TODO o seu objeto, e o faz sinteticamente; a razão enfrenta inumeráveis dificuldades nas suas disquisições analíticas.

Ninguém poderia aprender uma língua com base nos livros e nas aulas que a teorizam ou explicam — simplesmente porque nenhuma explicação ou teoria (explícita) é completa.

8. Teoria **desestruturada**. Toda língua é um sistema sustentado por uma estrutura: todos os seus elementos, de conteúdo e expressão, devidamente interligados e interjustificados. Saber uma língua implica o domínio intuitivo, inconsciente — do respectivo sistema e estrutura: não há como saber por fragmentos. A teoria que a criança interioriza é a reprodução intuitiva dessa estrutura como estrutura, ou seja, algo inteiriço, uma plenitude. Em contraste, o grande defeito das teorias sobre a língua é justamente a assistematicidade. Por enquanto as ciências da linguagem ainda não avançaram o suficiente para obter descrições estruturadas completas (e isto em qualquer subdomínio das línguas): a própria evolução incessante e rápida dessas ciências se motiva dos erros e das deficiências anteriores.

Só um (insignificante) exemplo da assistematicidade das nossas gramáticas. Demonstrativos e interrogativos se estruturam em sistemas; pois nas nossas gramáticas **este — esse — aquele** e **aqui — aí — ali, cá — lá** (demonstrativos), e **que — quem — qual...** e como — **onde — quando**... (interrogativos), aparecem dissociados em capítulos estanques: "pronomes"/"advérbios"... (na

---

* Provavelmente: viliar. Vtd desus. Desprezar, afrontar. (N. C.)

Nomenclatura Gramatical Brasileira, respectivamente, capítulos v e vii da classificação das palavras).

9. Teoria **sem objetivos definidos**. Por que e para que o professor de língua deverá ensinar aos alunos a distinguir entre frase, período e oração, oração principal e subordinada, substantivos concretos e abstratos, vogais e semivogais?

E o aluno, para que é que precisa aprender as diferenças entre verbo irregular e anômalo, complemento nominal e adjunto adnominal, entre um **porque** causal e outro explicativo, entre preposição e conjunção?

Por que e para que ensinar/aprender a reconhecer classes e funções de palavras? Por que e para que análise fonética, morfológica e sintática?

Etcétera. Enfim: por que e para que teoria gramatical em sala de aula de primeiro e segundo graus?

Dificilmente alguém nos dará uma resposta satisfatória a essas perguntas. O ensino gramatical escolar não tem objetivos definidos. Não é para melhorar a capacidade comunicativa: a preocupação com a gramática costuma embaraçar e inibir a expressão. Não ajuda a ser mais correto: não se pode confundir correção de linguagem com obsessões puristas de gramática normativa. Não é para adquirir noções valiosas, científicas: a Gramática tradicional é lacunosa, assistemática, incoerente, apoiada numa terminologia defeituosa, etc.

O objetivo único da teoria gramatical na escola parece mesmo ser cumprir programas e manter uma tradição multissecular. Afinal, não é assim que sempre se fez?

E o professor, se não tivesse sintaxes, morfologias e fonéticas, e concordâncias, regências e colocações de pronome a ensinar, o que faria em sala de aula?

Teoria pela teoria, é o que se faz.

Se a escola tivesse objetivos vitais e culturais, sociais e políticos bem claros, certamente haveria maior clareza nos programas e nos métodos de ensino da língua materna. E não se apelaria tão rotineiramente para a superstição do teorismo gramatical. Afinal, não parece razoável ensinar gramática a indivíduos que nem conseguiriam falar sem dominá-la previamente. Não é pretendendo dar o que generosamente a Natureza deu, que se aperfeiçoará o poder de comunicação e de expressão das pessoas. Isto ensina o bom senso.

***

Recapitulemos. A verdadeira teoria gramatical é um pressuposto nos falantes: para falar é indispensável saber a teoria da língua. Trata-se de uma teoria natural, intuitiva, auto-ensinada (com apoio na estrutura lingüística inata), individual (embora voltada para uso social), uma teoria da fala, de uma variante lingüística determinada, teoria completa, estruturada ou sistemática, de comunicação nascida da prática para a prática.

A teoria gramatical escolar, essa, em vez de ser a honesta reprodução dessa teoria primeira, pretende ser a explicação da língua, entidade abstraída da prática dos falantes. Uma teoria artificial, racionalizada (quando não logicista), heteroensinada, coletiva, teoria sobretudo da escrita, da língua, incompleta, desestruturada e assistemática, sem objetivo definido.

A simples observação de contrastes como natural/artificial, completa/incompleta, estruturada/desestruturada, sistemática/assistemática parece forçar a pergunta: para que teoria gramatical em sala de aula, pretendendo ensinar, de maneira tão falha aquilo que os alunos já sabem?

***

Repitamos a pergunta: por que e para que teoria gramatical em sala de aula, pretendendo ensinar, de maneira tão falha, aquilo que os alunos já sabem?

Realmente, não se vê nenhum proveito prático na teorização gramatical. Nenhum acréscimo ao saber lingüístico do aluno, que já vem à escola munido interiormente da teoria gramatical de sua língua.

Por mais rica e detalhada que seja, nenhuma teoria artificial superará a teoria natural. Poderá eventualmente acrescentar coisas ao elenco teórico interior do aluno, mas será então por se tratar de elementos de outra variante lingüística.

Em se tratando do ensino da língua primeira, isto é, da língua materna, a teoria gramatical é desnecessária: os destinatários desse ensino têm ao seu dispor, armazenada na mente, toda a teoria suficiente para seus atos de fala. Uma teoria que é muito mais do que apenas teoria "gramatical": teoria do bom senso, teoria ideológica, teoria da comunicação ou do discurso... enfim, um amplo domínio intuitivo de tudo o que é imprescindível para executar atos de fala.

A situação no ensino da língua materna é a seguinte (recordando o que já foi exposto aqui).

Quando vai à escola, o aluno já "sabe" a sua língua nativa. Está de posse da gramática respectiva, e portanto da teoria gramatical, toda a teoria que rege a prática de linguagem. Naturalmente — preciso repetir? — é uma posse interior, implícita, intuitiva, um saber não consciente de regras gramaticais. É o que se chama "saber lingüístico do falante nativo".

Permitam-me relembrar também alguns detalhes fornecidos por especialistas na matéria. Segundo Chomsky e Miller, a criança de três anos se acha "provida de um mecanismo capaz de fazer a análise sintática da fala" (Lenneberg, in Chomsky et al., *Novas perspectivas lingüísticas*, 1970). (E não precisa ser três anos. Desde o momento em que a criança entende frases, ela só o consegue fazendo a respectiva análise sintática. Nenhuma frase se entende ou se faz sem prévia e simultânea análise — sintática, morfológica e todo o resto. Naturalmente, são as verdadeiras análises, análises suficientes, não aquelas que se tentam fazer na escola...)

Conforme Smith (Slama-Cazacu, *Psicolingüística aplicada ao ensino de línguas*, 1979), uma criança pesquisada mostrou dominar um vocabulário de 1.222 palavras aos três anos e 2.289 aos cinco.

Em poucos anos a criança completa a aquisição da gramática da língua; aos seis anos já é gente grande em linguagem, um "adulto lingüístico", no dizer do lingüista Charles Hockett (*A course in modern linguistics*, 1958).

É pois um adulto lingüístico que a escola recebe. Para lhe "ensinar" a língua? Para lhe "ensinar" a gramática da língua? Convenhamos que isto seria — para usar expressões da sabedoria popular — chover no molhado ou ensinar o painosso ao vigário.

Não é portanto exagero afirmar a inutilidade de ensinar-se teoria gramatical (ou, pior ainda, teorias gramaticais) a alunos que falam correntemente.

Mas não é só isso; o ensino de teoria gramatical (escrevei: TEORIA...), além de inútil (supérfluo, redundante), também costuma ser prejudicial. É o que veremos a seguir.

***

A teoria gramatical no ensino médio não é só inútil, mas costuma ser prejudicial. Por vários motivos.

Primeiro: é uma teoria com falhas, incoerências e erros, que a Lingüística moderna não pára de identificar às dezenas, centenas. Muito fácil comprovar isso numa rápida folheada pelos nossos compêndios escolares.

Como os nossos professores se apóiam em gramáticas tradicionais, abro uma delas, muito difundida — Napoleão M. de Almeida, *Gramática metódica da língua portuguesa*. 24ª ed. São Paulo, Saraiva, 1973 —, e colho alguma "teoria" gramatical:

"São médias as várias espécies da vogal *a*" (p. 19); logo adiante um triângulo com 9 (nove) vogais, um só *a*: o português com um sistema de nove (!) vogais, embora a primeira delas tenha "várias espécies"....

"*Tio, fio* e *pavio* contêm ditongos crescentes" (p. 21).

"Duas vogais formam ditongo crescente e se consideram duas sílabas quando a segunda [...] é semivogal acentuada" (p. 23).

"Artigo é a palavra que tem como fim individualizar a coisa" (p. 68).

"Preposição — A esta classe pertencem todas as palavras que servem para ligar duas outras" (p. 69). Como se conclui, *e, ou, mas...* são preposições. E em "Por isso, é difícil aprender teoria gramatical", *por* não é preposição...

Verbos são "palavras que encerram idéia de ação ou estado" (p. 69). Portanto, *leitura* e *cansaço* são... verbos.

"Gênero gramatical é a indicação do sexo real ou suposto dos seres" (p. 85).

Grau é "flexão" e "possuímos [...] diversas desinências (sic) que [...] podem especificar o tamanho da coisa" (p. 110). "Diversas" é modéstia, pois na página seguinte o teorista relaciona 45 (quarenta e cinco) sufixos diminutivos. Sufixo ou desinência? Tanto faz: "desinências, terminações ou sufixos" (p. 110). Em *pequenininho* ou *pequetitinho* (!) há dupla "*flexão diminutiva*" (p. 112); duas "desinências" da mesma classe...

"Pessoa gramatical é a relação entre a linguagem e os seres" (p. 148).

"Pronomes de tratamento [...] palavras e expressões que substituem a terceira pessoa gramatical" (p. 150). Portanto, *você* ou *o senhor* substituem *ele*...

Demonstrativo é "palavra que localiza o substantivo" (p. 160).

"Relativo é a palavra que, vindo numa oração, se refere a termo de outra. São: *o qual, que, quem, cujo*" (p. 178). Portanto, em "Falei com os colegas e sondei sua opinião. Eles querem...", *sua* e *eles* são (pronomes) relativos.

As "preposições" devem seu nome ao "fato de porem na frente de uma palavra outra que a completa" (p. 299).

Conjunção "é a palavra que liga orações" (p. 309). Assim o aluno aprende que *e, ou* (bonito *e* simpático, Pedro *ou* Paulo) não são conjunções, pois não estão ligando orações, ou que *bonito, simpático* são orações...

"Oração é a reunião de palavras ou a palavra com que manifestamos [...] um pensamento" (p. 366). Aprende o aluno a teoria de que "Tudo bem?", "Nada de novo", e frases semelhantes, ou até palavras soltas, são "orações", já que exprimem pensamento...

Inútil dar mais provas. Gramáticas e livros-texto escolares pululam de exemplos assim de "teoria" de língua e gramática. Não admira que os alunos fiquem perplexos, confusos, e por fim convencidos de que jamais aprenderão tal coisa...

***

Por força de teorias gramaticais puristas não poucas pessoas arrastam pela vida preconceitos escolares que lhes bloqueiam a livre expressão.
Para a colocação dos pronomes, por exemplo, em vez de derivar a teoria do uso dos falantes, impõem-se teorias de colocação lusitana — pois "para os portugueses não existe o problema [...] é que eles, *habitualmente*, observam as regras" (Napoleão M. de Almeida, op. cit., p. 444). Já os brasileiros... E colocação brasileira é condenada por gramáticos e professores... brasileiros.
Assim, entre outras teorias, corre aquela "imantística" de palavras que "atraem" os pronomes... Já contei o caso da discussão, numa redação de jornal, em torno de uma ênclise. Alguém impugnou a frase "A equipe teve que retrair-se". Por quê?! O **se** estava mal colocado. Como nenhum ouvido (gramática interior) percebesse qualquer mau som (irregularidade), o impugnador lembrou a regra, "todo **que** atrai pronome oblíquo". E todos ficaram perplexos. A frase soava normal, mas... e a atração do **que**? Foi preciso dizer — a profissionais da palavra falada e escrita — que, se a colocação soava normal, era porque obedecia às regras. Que aquele **que** nem verdadeiro **que** era, mas sucedâneo de um **de**: "teve **de** retrair-se". E que, além do mais, não existe essa de palavras atraindo outras...
Vejam as seqüelas nocivas de um ensino calcado em teorias alienadas, desligadas dos fatos.

***

Sob o preconceito de que o grau é categoria exclusiva dos adjetivos, o purismo pode levar a condenar fatos; usos. "Só os adjetivos são suscetíveis de grau. [...] são erradíssimos superlativos como *muitíssimo, tantíssimo* [...] condenada é a expressão *coisíssima* nenhuma" (Napoleão M. de Almeida, op. cit., p. 128). E poderíamos acrescentar: **pertíssimo/longíssimo, cedíssimo.** Tudo "erradíssimo" segundo esse ponto de vista. Isso, que até os romanos já usavam tais superlativos erradíssimos...

Com a teoria preestabelecida de que "verbos transitivos com *se* estão na voz passiva" (**vende-se = é vendido**) dogmatiza-se que construções como **Vende-se livros** e **Conserta-se relógios** "constituem erros inomináveis" (id. ibid., p. 186).

Com a teoria de que construções como **osso duro de roer** são passivas, fica estabelecido que "é erro dizer *osso duro de roer-se*" (id., ibid., p. 194). Etc. Etc.

***

Outra conseqüência nociva do ensino da língua pelo teorismo gramatical é a atitude servil diante da autoridade.

Muitos acham que o caos de teorias gramaticais pode ser evitado seguindo-se um padrão oficial. No nosso caso, a Nomenclatura Gramatical Brasileira — NGB.

Ora, uma nomenclatura feita por gramáticos e filólogos — nossa maior autoridade em teoria de língua e linguagem, o lingüista Mattoso Câmara Jr. não foi convidado a participar —, e isso em 1958...

Uma tabela que não inclui termos como **frase, nome** (e, no entanto, arrola **pronome**, **nominal** e **adnominal**); que separa advérbios interrogativos de pronomes interrogativos; que desconhece termos como **morfema** e **sintagma**; que fala em "flexão do advérbio"; onde grau é "flexão" de substantivos e adjetivos; etc.; etc.

Certamente com uma nomenclatura dessas saem ótimas teorias gramaticais...

E isso é tanto mais pernicioso quanto provoca aquelas justificativas que não admitem contestação: é oficial.

***

O ensino de qualquer teoria gramatical, tradicional ou moderna, consome naturalmente largas fatias de tempo. Eis outro prejuízo, irrecuperável, para professores e alunos. Um tempo precioso, que deveria ser ganho na prática da língua, é malbaratado em tentativas de definição, classificações bizantinas e discutíveis, análises defeituosas e superadas, exercícios gramaticais sem objetivo, etc.

Um mínimo de bom senso nos diz o que é mais razoável fazer em aulas de língua materna: conseguir com os falantes nativos que, baseados no seu conhecimento prévio da língua, desenvolvam e aprimorem sua capacidade comunicativa, seus poderes de linguagem — recepção e comunicação-expressão de textos.

Enfatizar aqui a necessidade de ler e interpretar textos, de treinar os jovens a ouvir e falar melhor, a ler e escrever melhor — imaginem, que coisa mais antiga! Não; o professor tradicional de língua materna está aí para cumprir programas, tem de "mostrar serviço", ensinar ao aluno tudo aquilo que se decreta que ele não sabe: a teoria gramatical da sua língua...

Todos estamos cansados de verificar o resultado disso: teoria, exatamente teoria gramatical, é o que os alunos não conseguem aprender (talvez psicologicamente programados a rejeitá-la por um mecanismo de defesa...), ou aprendem fragmentariamente, regrinhas soltas aqui e ali, que só perturbam a sua comunicação. Tudo tempo perdido, se não for coisa pior.

Chegamos ao que constitui o mais grave prejuízo de um ensino de língua fundado em teorização gramatical: uma relação negativa do falante com sua própria língua. A convicção íntima de "não saber a língua", e o bloqueio da criatividade em linguagem.

De tanto ouvir definições e conceitos abstrusos, classificações e subclassificações; de tanto enfrentar análises herméticas; de tanto ser obrigado a decorar o que não consegue compreender e talvez nunca venha a aplicar — o aluno vai sendo arruinado lingüisticamente. Convence-se de que a sua própria língua é coisa esotérica, só acessível a iniciados, professores de Português, gramáticos, lingüistas. Surge o conceito: a nossa língua é a mais difícil do mundo, jamais a aprenderemos bem; a língua está em decadência; os jovens não sabem falar; etc.; etc. O purismo gramatical da escola certifica o aluno de uma verdade chocante: todos falam errado!

Assim, o falante nativo, que desde criança sabia a sua língua e ao entrar na escola a manejava com desembaraço e naturalidade, aprende na escola que não sabe falar, que dirá escrever. Nasce a inibição para comunicar-se fora do ambiente descontraído de família e amigos; nasce a impotência para se comunicar por escrito; nasce o desgosto profundo, a aversão quase generalizada pelas aulas de Português.

O sistema natural de regras, interiorizado pelo falante, que lhe permitia esse exercício natural e desinibido da infância, que o tornaria seguro e criativo no manejo da língua, acaba perturbado pelo ensino teorizante e gramaticalista.

A sua própria língua aparece ao falante como um corpo estranho na sua vida, em lugar de ser o nosso bem mais natural, mais pessoal, mais íntimo. Em lugar de se expressarem com naturalidade, vítimas da inquisição gramatical e da confusão de teorias começam os alunos a se enredar em regrinhas (mal-explicadas, por isso mal assimiladas) de concordância, vírgulas, acentos, etc.

Um ensino que não leve o aluno a exercitar desinibidamente, criativamente, a língua que ele *sabe*, da qual é dono e possuidor (ainda que não lhe conheça as regras explicitamente), está fadado ao fracasso. Fracasso com o qual nos deparamos diariamente nas escolas e nas universidades: a esmagadora maioria não se sente à vontade com sua própria língua.

***

A teoria gramatical tradicional tem se mostrado não só incompetente, mas também inútil e até prejudicial na escola. Com o avanço das ciências, nesta era tecnológica, muitos pensam que, para o ensino das línguas, dado o fracasso da Gramática tradicional, a salvação está na Lingüística.

Ciência da linguagem e das línguas, com seus métodos rigorosos de observação, análise e classificação dos fatos, com toda a sua tecnologia, a Lingüística deve ter todas as condições de cobrir lacunas e corrigir erros do ensino tradicional.

Realmente, a Gramática tradicional tem sido criticada, corrigida e até desacreditada em muitos pontos pelas modernas ciências da linguagem. De tal forma que um jovem professor recém-saído de nossos cursos de Letras dificilmente irá ao ensino sem saber do mau conceito da Gramática tradicional. Por isso, de duas, uma: ou não ensinará Gramática nenhuma, ou procurará aplicar as aulas de Lingüística que teve na universidade.

Assim, desmoralizada a Gramática tradicional, muitos se agarram à Lingüística como a uma tábua de salvação.

Mas haverá mesmo essa tábua salvadora? Conseguiremos, de fato, salvar o nosso deficiente (quando não mau) ensino do vernáculo simplesmente substituindo a teorização gramatical tradicional por uma teorização lingüística?

Lamento muito se com isso decepciono aos deslumbrados — ou mesmo a profissionais sérios — de Lingüística, mas a minha resposta (assumo: a minha) é negativa. Nenhum ensino em crise pode ser salvo pela simples troca de uma teoria por outra, seja esta embora do mais alto nível científico. Sobretudo no caso do ensino da língua materna, jamais será salvação qualquer teoria, quando o que está em questão é uma prática para a qual a respectiva teoria é um pré-requisito, saber natural, preexistente nos praticantes.

O que implica, afinal, substituir a teoria tradicional por teorias assentes na Lingüística?

Em Fonética, o professor obriga-se a começar distinguindo, rigorosamente, entre esse termo e a Fonologia, entre som e fonema; entre esses dois e letra, entre letra e grafema (e possivelmente, paralelo a fonema/fone, distinção entre grafema e grafe); classificações e subclassificações dessas entidades todas com base em traços distintivos; análises fonológicas, fonéticas; etc.

Em Morfologia, distinção entre lexical e gramatical, Lexicologia e Morfologia; noções de morfema e morfe, arquimorfema e almorfia; morfema zero; constituintes imediatos; análise morfológica; etc.

Em Sintaxe, naturalmente, o cavalo-de-batalha da análise lógica, realimentado, supernutrido por uma técnica mais rigorosa, mais sofisticada: desenhos de caixas-chinesas, representações em colchetes ou parênteses (encolchetamento ou parentetização), diagramas-árvores ou diagramação arbórea do modelo gerativo-transformacional chomskiano; explicação de frases com apelo e noções de estrutura profunda e superficial, de transformações que presidem a passagem de uma a outra; etc.

Em resumo: troca-se uma teoria deficiente por outra mais complicada; tanto mais complicada quanto mais se empenha em corrigir deficiências.

Está certo, corrigem-se (ao menos se pretende) erros, cobrem-se lacunas. Mas, com isso, o aluno progride em seu saber lingüístico? Sobretudo, com essa teorização mais técnica, cresce ele em sua competência comunicativa?

Será que preciso dar resposta? Em todo o caso, tentarei refletir em cima do óbvio.

III
A Língua

SABER A LÍNGUA É SABER DISTINGUIR

É muito comum ouvir pessoas, mesmo cultas, confessarem que não sabem português. "Preciso urgentemente fazer um curso." "Em que livros posso estudar? Não sei nada de gramática. Mudou muito do meu tempo de estudante." "A gente pensa que sabe, mas a toda hora se dá conta que não sabe nada." "É a língua mais difícil do mundo. Quanto mais se estuda, menos se sabe."

Expressões como essas e outras semelhantes se ouvem todo o dia. E não só de gente humilde, menos instruída. Também pessoas de nível social e cultural superior — profissionais liberais, doutores, professores, e até profissionais da palavra — soltam confissões parecidas. A gente poderia concluir que ninguém sabe a sua língua.

Mas será isso verdade? O que é "saber" a língua?

Se o indivíduo se comunica em palavras, não é evidente que ele sabe a língua? Ninguém pode falar a não ser por um sistema lingüístico. Para falar é preciso saber falar. Saber falar é dominar um código verbal, o sistema de regras de uma língua. Sistema de regras que vulgarmente se chama "gramática". Portanto, quem fala sabe gramática, pratica uma gramática.

E então? Que querem dizer as pessoas com aquelas expressões? Estarão todas mentindo? Fazendo teatro?

Na verdade, são demasiadamente vagos aqueles dizeres. Interpretados ao pé da letra, não fazem sentido. Vocês já tentaram apurar o que é que as pessoas querem significar com essas confissões?

Sempre que obtive esclarecimentos mais especificados, constatei idéias confusas, preconceituosas, falsas sobre o que é linguagem. Confusão entre fala e escrita, entre adequação da linguagem e purismo gramatical, entre a vida e o livresco. Suposição de que é preciso saber todas as regras artificiais, ainda as mais cerebrinas. Supervalorização da ortografia, com seus acentinhos, suas crases e empregos enigmáticos de algumas letras. O domínio efetivo do idioma confundido com a memorização de uma nomenclatura gramatical. A crença de que saber gramática seja sinônimo de saber fazer análises sintáticas, classificar palavras, definir classes e categorias, trazer de cor todos os nomes de figuras, mais as exceções todas. E, por aí, preconceitos afora.

Ora, tudo isso prova apenas uma coisa: a persistente ação negativa da escola, de grande parte dos professores, em relação à língua. Em vez de incutir idéias claras sobre o fenômeno da comunicação verbal, o que se faz é lançar confusão e preconceitos nos espíritos. Em lugar de conscientizar o falante, afinar-lhe a sensibilidade idiomática, estimular sua criatividade, poder verbal e autocrítica da expressão — perde-se o tempo em regras bizarras e bizantinas, teorizações estéreis, baboseiras em cima de textos (se pretendendo "análise literária" ou coisa parecida), análises sintáticas que não levam a um melhor uso da língua, etc., etc.

Saber a língua, a gente a sabe, e a partir dos seis ou sete anos, construindo frases que comuniquem satisfatoriamente. O mais é desenvolvimento, aperfeiçoamento e conscientização progressiva desse intuitivo saber inicial. E o mais é — sobretudo — enriquecimento interior: afinação das faculdades, educação do pensamento lógico, do poder de raciocínio, expansão e aprofundamento do saber. E, no ramo específico da linguagem, domínio sempre mais perfeito dos recursos expressivos do idioma, no fraseado e no vocabulário, aprimoramento da técnica vocal e da dicção.

Saber a língua? Sabe mais quem, falando ou escrevendo, comunica melhor. Eficiência na comunicação verbal — eis o verdadeiro saber lingüístico.

***

"Um dia, comecei assim uma de minhas confissões: 'Também se conhece um povo pelos seus **bêbados**'. Segundo dizem, o certo é **bêbedo**. Mas o e em vez do **a**, esvazia a palavra de sua tensão dionisíaca. Portanto, peço à revisão que me deixe escrever errado."

É como principia uma crônica de Nelson Rodrigues.
Gosto demais de coisas assim. De escritores contando sua reação diante das palavras. O que pensam sobre diferenças de sentido, matizes de expressividade. Os escritores (falo dos legítimos) são os verdadeiros conhecedores da língua. Ainda que não saibam "gramática". Mesmo não tendo nunca estudado lingüística... Eles é que deveriam escrever livros sobre os segredos e mistérios da língua.
Aliás, certa vez sugeri isso mesmo ao Erico Verissimo — ele, com todo o seu sentimento plástico da língua.
Uma beleza, esse achado sensorial de que **bêbado**, com **a**, revele uma "tensão dionisíaca". O **a** é a mais aberta das vogais, exige maior abertura da boca. Serve para sugerir claridade, amplidão, relaxamento, liberdade, etc. Veja: **claro, largo, largado, desbradado...**
Dionisíaco é "referente a Baco (deus do vinho)", "vibrante e agitado", "instintivo, espontâneo". E observem como **Baco** tem **a**, e **dionisíaco** também, aliás na mesma posição átona que **bêbado**.
Bêbedo, com o seu segundo **e**, parece sugerir comedimento, moderação. Um **bêbedo** é como se fosse um **bêbado** mais distinto, se possível...
Mas, e essa história de certo e errado? "Segundo dizem, o certo é **bêbedo**." Dizem? Quem? Os puristas, como sempre. Para eles, **bêbado**, com **a**, é deturpação, adulteração, corruptela. Base para afirmar isso? A origem: *bibitu* (latim), cujos **ii** breves se transformam em **ee**.
Ocorre que, como insisto, a história não é argumento válido nesses casos. Argumento, o único, é o uso. E leiam o que já escrevia o velho Morais: "**Bêbado** [com a] é mais usado, e acha-se em muitos clássicos, porém **bêbedo** [com e] parece mais análogo a **beber**". Era mais usado e continua mais usado — parece.
Como explicar o **a** de **bêbado**? Por dissimilação: e—e æ Æ e—a.
Quer dizer que o problema em **bêbedo/bêbado** não é de certo ou errado. Trata-se de variantes, tão correta uma como a outra. E tratando-se de variantes, o problema é descobrir, "sentir" a diferença entre elas. Diferença semântica e expressiva. É exatamente o que fez Nelson Rodrigues: "sentiu" que o **bêbado** é mais **bêbado** que o **bêbedo**... **Bêbado** tem para ele ressonâncias báquicas.
Agora, o leitor concordará fácil que mais **bêbedo** ainda que o **bêbado** é o... **borracho**. Aí, além do **a** dionisíaco — mais ainda porque tônico —, temos o desregramento dos **rr** e do **ch**.
Não entendo por que o *Pequeno dicionário brasileiro* remete **bêbado** para **bêbedo**. Devia ser o contrário. Vai ver que um demoninho purista andou soprando no ouvido do Aurélio Buarque de Holanda...

(Esperem, vou consultar o Antenor Nascentes: *Dicionário da língua portuguesa*, elaborado para a Academia Brasileira de Letras.)

Chi!, a mesma coisa: em **bêbado**, simplesmente remete para **bêbedo**. Será que no Rio de Janeiro predomina o discreto **bêbedo**? É possível. Gostaria de ter uma informação.

Agora vejam três reações em face das variantes idiomáticas:

(1) o gramático normativo recomenda a forma de maior uso nas camadas cultas, ou a que tem a chancela dos escritores consagrados;

(2) o lingüista registra as duas (ou mais): não há melhor, nem pior — como para o especialista em botânica não há plantas melhores ou piores;

(3) o escritor, o poeta sobretudo, escolhe em cada caso a variante mais expressiva, a "que melhor encaixa" na frase.

(A reação do purista não se pode levar a sério.)

Pois bem: por incrível que pareça, o menos acertado dos três é o lingüista. Ao menos na prática. Nunca é indiferente a escolha entre as variantes. Aprender a falar ou escrever bem é aprender a distinguir. Educar a sensibilidade idiomática: sentir as palavras, solitárias ou agrupadas.

Irene preta
Irene boa
Irene sempre de bom humor

Imagino Irene entrando no céu:
— Licença, meu branco!
E São Pedro bonachão:
— Entra, Irene. Você não precisa pedir licença.
(*Irene no céu*, Manuel Bandeira)

Como o leitor vê, aí está: **entra** [...] **você**... Em linguagem estritamente gramatical deveria ser: ou (a) **entra... tu...**; (b) **entre... você...** O que as regras gramaticais ditam é a uniformidade de pessoa, com as implicações de concordância verbal.

Mas a poesia nunca é problema de estrita gramática. **Poesia** — e literatura em sentido específico — **é (re)criação da vida através da palavra**.

No caso do poema, é a criação de uma cena: a entrada de uma preta no céu. São Pedro vem recebê-la com todo o carinho. Esse carinho tem de se fazer palavra: linguagem autêntica, vivida.

Como é que se manda entrar? Com a forma verbal **entra** — uma segunda pessoa estereotipada. (Compare os imperativos **vai, anda, fala, diz, põe, lê, ouve, faz** com as formas mais artificiais **vá, ande, fale, diga, ponha, leia, ouça, faça**...) **Entre** seria mais cerimonioso, mais refletido, artificial.

Entra é segunda pessoa, e a continuação, segundo a gramática, seria: **tu não precisas pedir licença**. Inviável para o poeta, fora da linguagem viva: fora do Rio Grande do Sul não se usa mais **tu**; há muito foi substituído por **você**: "É o tratamento consagrado, estandardizado, quando há intimidade, camaradagem, nivelamento social, chegando mesmo à categoria de tratamento generalizado, indistinto, o que o consagrou, por exemplo, na linguagem radiofônica do Rio" (Jesus Belo Galvão, *Língua e expressão artística. Subconsciência e afetividade na língua portuguesa*, 1967). Neste livro o leitor pode encontrar uma interpretação da discordância aqui comentada.

Assim, no plano da recriação vital, do sentimento emprestado à personagem, não houve nenhuma irregularidade ou desvio. Pelo contrário, o desvio da gramática é que permitiu não falsear a "ficção" do sentimento. A personagem fala como se fala na vida: **entra... você não precisa...**

Para dar um toque de realidade — de vida — à cena de Irene entrando no céu, o poeta Manuel Bandeira teve de infringir as regras da gramática. Na verdade, uma infração que foi apenas a conseqüência de velha atitude artística: a imitação da vida.

Era preciso que o porteiro celeste, diante da preta Irene, boa e bem-humorada, se portasse e falasse com um branco bom, sem preconceitos: "E São Pedro bonachão:/ — **Entra**, Irene. **Você** não precisa pedir licença". Quer dizer, o velho chaveiro do céu, "bonachão", conduziu-se e falou "exatamente" como uma pessoa de bem na vida real: sem formalismos de etiqueta social nem de linguagem. Nem trato cerimonioso, nem rigidez de gramática.

Então... "baseado em Manuel Bandeira e em outros exímios literatos brasileiros, posso eu tranqüilamente ensinar aos meus alunos que a segunda e a terceira pessoas podem ser empregadas indiferentemente?" (Fidélis Dalcin Barbosa).

Isto é, posso ensinar que é correto — que está de acordo com as regras da gramática — a mistura de **você** ("2ª pessoa indireta") com **entra, vai, vem, diz**, etc. (imperativos de "2ª pessoa direta")? E — o consulente não diz, mas está implícito — é correta a mistura de **você** com **teu, te, contigo** (pense nas canções de Roberto Carlos e Cia.)? Posso, enfim, ensinar que a gramática dos rigores de tratamento "já era", ou que os tradicionais professores de Português "estão por fora"?

A resposta é como sempre: distingo... É absolutamente necessário distinguir entre os vários tipos e níveis de linguagem. É preciso ter um conceito funcional da língua: a língua para a vida, e não o contrário.

O QUE É APRENDER A LÍNGUA?

"Por que o brasileiro não consegue aprender seu idioma" é o título de uma matéria saída há tempos num jornal local, que está a pedir análise e crítica, reparo e retificações.

Em primeiro lugar o absurdo do título. Qualquer francesinho aos seis anos fala fluentemente o francês. E assim qualquer alemãozinho, ou inglesinho, russinho ou japonesinho... Qualquer criança do mundo aprende qualquer idioma e o fala fluentemente já aos cinco ou seis anos de idade. Só o brasileiro, esse "não consegue aprender seu idioma"... Estranho, não?

Tanto quanto todos estamos informados da própria experiência, qualquer brasileiro aprende a sua língua, desde o filho do doutor até o filho da lavadeira.

Como explicar aquele título? O corpo do texto é um conjunto de mal-entendidos sobre língua e linguagem, mas um conjunto tal, que até afina bem com a sua intitulação. E a gente acaba se perguntando como é que o autor conseguiu, ele, aprender o seu idioma.

Passemos em revista algumas afirmações do artigo.

***

"Em prosa e verso o brasileiro usa mal o idioma." Não é verdade. Em prosa e verso, o brasileiro usa o idioma a seu modo (estilo). Em qualquer língua e literatura há prosadores e poetas que usam bem o seu idioma, como há outros que o usam menos bem. Diferenças de capacidade expressional. Há os Drummond de Andrade e os joões-ninguém da palavra impressa.

***

"Praticamente todas as regras gramaticais têm exceções." Isso é um velho mal-entendido de gramáticas e professores tradicionais. Observação incompleta ou errônea dos fatos de linguagem. **Toda "exceção" é na verdade uma** regra; "**regra especial**", se quiserem, regra menos abrangente; quando não regra mal-interpretada.

Exemplo. Regra: **mais bem/mais mal** devem assumir as formas sintéticas **melhor/pior**: pinta **mais bem** — pinta **melhor**. Exceção: antes de particípios: **mais bem** pintado. Exceção nenhuma. Uma coisa é 1) "mais [**bem pintado**]", e outra, 2) [**mais bem**] pintado — diferença de estruturação, o **bem** em ligação direta 1) com pintado, ou 2) com mais: neste caso dá-se a sintetização.

Outro exemplo de exceção das gramáticas tradicionais (e dos professores que a repetem): adjetivos compostos flexionam-se (só) no segundo elemento; ex: manchas verde-amarelas, camisetas rubro-negras. Exceção: **azul-marinho**, que é invariável: blusas **azul-marinho**. Exceção nenhuma: **azul-marinho** é um substantivo composto de [Substantivo + Adjetivo], "**um azul** da cor do mar"; ora, substantivos nessa função adnominal se provam invariáveis: gravatas **areia**, blusas **sangue**, gravatas **creme**, **violeta**, etc. Então, blusas **azul-marinho**, **verde-garrafa** (um verde cor de garrafa)...

***

"Quem tentar falar corretamente corre o risco de passar por ignorante." Tentar falar corretamente... Falar corretamente, na verdade, é falar como fala a maioria, ao natural (nada de "tentar"), isto é, observando as verdadeiras regras da língua, aquelas que constituem a memória idiomática comum dos falantes. A Gramática preconceituosa, dos professores tradicionais, é pensada como obediência a regras artificiais, superadas, racionalistas, etc., gerando "coisas" como **tu e ela supondes, dar-to-ei, quantos gramas, estamo-nos queixando, hajam vista as graves**... Quem "tenta" "falar corretamente" "seu idioma", é muito justo que passe por ignorante... das regras do português contemporâneo.

***

"[...] o Português, falado no Brasil, não pode ainda ser considerado uma língua. Ele não tem uniformidade, as regras são falhas e sua evolução é mais rápida que a capacidade de organização dos especialistas."

O Português falado no Brasil [sem vírgula, senão deixo escrito que língua chamada "Português" só existe aquela falada no Brasil...], o Português falado no Brasil só pode "ser considerado uma língua". Se é falado, é língua. Para haver atos de fala é preciso haver língua, um sistema de signos verbais e um sistema de regras do uso desses signos.

Não é língua, porque "não tem uniformidade"... E o leitor sabia que o português brasileiro é um milagre de uniformidade? Que qualquer das línguas européias é muito menos uniforme? Que essas línguas se "desentendem" em dialetos, ao passo que não há verdadeiros "dialetos" da língua portuguesa, mas apenas "falares" (variantes que não chegam a dificultar a comunicação entre patrícios)? Ora, "não tem uniformidade"... Tanta uniformidade, que um amazonense e um gaúcho se entendem sem dificuldades, muito diversamente de um piemontês e de um calabrês tentando um diálogo.

Toda língua, exatamente por ser um sistema, é uniforme no essencial e variável no secundário: "unidade na variedade", como nos ensinou H. Schuchardt.

***

"As regras [do Português do Brasil] são falhas." As regras que fazem o sistema de uma língua devem ser "perfeitas", sob pena de não permitirem a comunicação. Elementar: entendemo-nos uns aos outros (e de norte a sul) exatamente porque observamos as mesmas regras para construir e interpretar as frases. Regras falhas permitiriam unicamente atos falhos.

Naturalmente precisa ficar claro que, ao falar de regras "perfeitas", estou falando das verdadeiras regras da verdadeira língua, e não de "regrinhas" inventadas por professores ou manuais equivocados ou alienados da realidade.

***

"A sua evolução [do Português do Brasil] é mais rápida que a capacidade de organização dos especialistas." O funcionamento da língua pela intuitiva aplicação das regras gramaticais nada tem a ver com "a capacidade de organização dos especialistas". Nenhuma língua precisa esperar pela "capacidade de organização dos especialistas". Inúmeras línguas nem tiveram desses "especialistas". Eram línguas, sistemas de regras, mas não tiveram especialistas para as inventariar (ou deturpar, interpretar mal, inventar...). E o grego, e o latim, antes de se escreverem as gramáticas respectivas? Felizes, não tiveram "especialistas" para atrapalhar...

Será tão difícil entender que primeiro são as plantas, depois os estudos de Botânica? Primeiro os bichos, depois os estudos de Zoologia? Primeiro os seres e os fatos, e só depois as teorias?

Sempre a confusão entre a Gramática natural e a Gramática artificial, entre a vida e a descrição da vida. A Gramática natural, sistema de regras partilhadas intuitivamente pelos membros de uma comunidade humana. E a Gramática artificial, mera pesquisa, levantamento, descrição (e possivelmente explicação) daquele sistema natural. A primeira, anterior à segunda, condição de sua existência.

***

"[...] 'Tentar dominar o idioma seguindo suas regras gramaticais exige uma formidável dose de paciência e abnegação', garante um professor de Português de um importante colégio de São Paulo." Inacreditável que num estado tão desenvolvido exista professor de mentalidade tão subdesenvolvida.

Quem fala, só consegue fazê-lo segundo as regras gramaticais de uma língua. Só consegue falar quem domina um idioma, e dominar um idioma é simplesmente (e é "simples" mesmo) seguir, aplicar suas regras.

Agora, se as regras não são as verdadeiras "regras", isto é, as regras naturais, se são regrinhas ou regronas, não há paciência nem abnegação que o possibilitem.

***

"[...] Ao contrário de línguas mais antigas, suficientemente domesticadas, o Português do Brasil contém mais exceções que regras e, em alguns casos, simplesmente não respeita regra nenhuma."

Línguas antigas, línguas domesticadas; línguas atuais, línguas indomesticáveis? Não: línguas mortas (ex.: grego e latim antigos): regras que não se alteram mais. Línguas vivas: regras que vão se alterando. Mas alteração de regras nada tem a ver com o disparate de "mais exceções que regras". (!) No fazer e interpretar frases só há **regras** (em maior ou menor número, dependendo da língua). Regras mais abrangentes e regras menos abrangentes; regras gerais e regras particulares. A estas é que menos exatamente se tem dado o nome de "exceções". **A exceção é sempre uma regra**.

"[...] e, em alguns casos, [o Português do Brasil] simplesmente não respeita regra nenhuma." Gostaria muito que me citassem caso em que "não se respeita regra nenhuma". Isto é uma impossibilidade absoluta. Observam-se todas as regras (fixas ou variáveis) de pronúncia, de silabação, de entoação, etc. Todas as regras de léxico, semântica, morfologia, etc. E todas as regras de sintaxe, de construção ou colocação, etc. Naturalmente, lapsos são lapsos, ocorrem sempre, e se alguma regra não se "respeitou", não terá sido por falta de vontade ou intenção de a respeitar. Repito: **nenhum ato de fala é possível sem a observância das regras de fala.**

Agora, se o leitor está pensando em regras artificiais, cerebrinas, aprimoradas com "formidável dose de paciência e abnegação", essa bem pode ocorrer que nenhuma seja respeitada; o melhor mesmo é que sejam todas desrespeitadas.

Conhecemos todas essas lamúrias de reacionários ranzinzas: "o brasileiro usa mal o idioma", "não respeita regra nenhuma". Mas uma coisa é a reação irritada, e outra, bem outra, a constatação objetiva dos (novos) fatos lingüísticos e a descrição destes, assim como das regras que os explicam.

***

Mas quais seriam os casos em que o Português do Brasil "simplesmente não respeita regra nenhuma"? Informa o articulista: "Por exemplo, os substantivos terminados em **ao**. Diz a gramática que, no plural, em alguns casos eles terminam em **ões**, em outros em **ãos** ou, ainda, em **ães**. Depende do acusativo plural latino da palavra. Mas não adianta muito saber Latim: algumas palavras passam para o plural sem obedecer a esta regra (**escrivães**, plural de **escrivão** por causa de **escribanos**, em Latim). E há os que utilizam indiferentemente os três plurais, como **aldeão**, que tanto vale ir para **aldeãos, aldeães** ou **aldeões**".

A tríplice pluralização, -**ães**, -**ãos** e -**ões**, seria prova de "regra nenhuma" no **Português brasileiro?** Claro que não. Antes de mais nada porque é problema também do **Português lusitano.** É, sim, um fato curioso da **língua portuguesa**. Mas fato perfeitamente explicável. E com suas regras. Que gramáticos e professores de Português não saibam explicar essas regras — isso é falha deles, professores e gramáticos, jamais da língua. Se uma regra é "**variável**", que culpa tem a língua de que os normativistas se percam em confusões e procurem impor regras invariáveis?

Há, sim, casos em que os falantes vacilam e divergem no comportamento lingüístico. Dá-se isto com formas de baixa freqüência. Justamente o caso em foco. Algum falante hesita na pluralização de **coração, mão** ou **pão**? Agora, como pluralizar **aldeão**? Simplesmente não se pluraliza; não ocorre. O plural brasileiro de **aldeão** é... **camponeses, colonos**... porque o singular é **camponês, colono**.

Vamos a uma gramática. Apanho-a de Celso Cunha, *Gramática da língua portuguesa* (1972). Passemos os olhos na lista dos dançarinos **-ães, -ãos, -ões**.

Lá se estranham **alazão, ermitão, hortelão, castelão, deão, refrão, rufião, sultão, verão, vilão**. E naturalmente, a contrastar com este (habitante de vila), o indefectível **aldeão**. (Aliás, **vilão**, gramáticas e dicionários entre "habitante de vila" e "aumentativo de **vil**"...) Vocês repararam bem nos elementos do conjunto -ão? Aquilo são palavras que se usem?! Não sejas **truão**, que atiço o **alazão** do **castelão** ou do **rufião**, ou peço ao **deão** ou ao **ermitão** que te ensinem o **refrão**...

E há professor de Português obrigando aluno a decorar plurais esquisitos...

Pura ilusão, os plurais variáveis. Trata-se, sim, de formas diversas em diversas épocas. Um plural originário, e um ou mais plurais evoluídos, pelo tempo afora. Assunto de Gramática Histórica ou História da Língua, que não da Gramática Descritiva, ocupada com o estado atual (sincronia) da língua.

De propósito saltei algumas palavras da lista de Celso Cunha. É que elas vão me ajudar a mostrar a diferença entre plural originário e plural evoluído, efeito de reanálise. **Corrimão**, como **corre** + **mão**, fazia naturalmente **corrimãos** (mão/mãos). Hoje prefere-se **corrimões**, com o plural majoritário -ões das palavras em -ão. E assim **anões, refrões, verões**; tratando-se de plurais de pouca freqüência, é compreensível a convivência com o plural originário ou algum evoluído anterior: **anãos** (lat. *nanos*), **refrães** e **refrãos** (prov. "refranhes"), **verãos** (lat. *veranos*), etc.

"Diz a gramática que [a pluralização variável -ães, -ãos, -ões] [...] depende do acusativo plural latino da palavra." Para falar uma língua é preciso dominar as regras desta língua. Mesmo as línguas neolatinas prescindem das regras do latim. Elas sobrevivem à língua-mãe, suas formas latinas, mas o seu funcionamento lingüístico atual é, e precisa ser, totalmente autônomo. Podemos explicar **cães, mãos, orações** à vista dos étimos *canes, manos (manus)* e *orationes*. Mas nenhum falante de português precisa saber isso para pluralizar corretamente os substantivos **cão, mão, oração** ou quaisquer outros.

Funcionando aqui e agora, as línguas, produtos da História, paradoxalmente, precisam ignorar a sua história.

Quando o plural de **verão** era **verãos**, as formas subjacentes respectivas eram **verano** e **veranos**, sobreviventes do latim *veranu-, veranos*. Mas nenhum falante de português precisava saber disso. Sabê-lo não passava de um acréscimo de informação histórica.

Hoje que **verão** se pluraliza **verões**, precisamos admitir que as formas subjacentes são **verone** e **verones**. Há nisto uma "reanálise", que dá em reformulação de regra.

Da mesma forma, **corrimões** evidencia a reanálise de corrimão (**corre-mão**) como **corrimone**, em lugar de **corre-mano**.

Como os plurais **-ões** são amplamente majoritários, pode-se dizer que há no português atual um visível esforço de "regularização" dos plurais especiais. Todos aqueles **-ães** e **-ãos** que não são de palavras corriqueiras tendem a modelar-se pela maioria, pelo plural "regular" **-ões**. A regra mais abrangente tende a absorver as menos abrangentes. "Regularização" é o que faz a criança, em certa fase, falar **mões** em lugar de **mãos**, **fazi** em lugar de **fiz** ou **trazeu** em lugar de **trouxe**.

Nada de precisar saber latim, nada de "depender" do acusativo plural latino das palavras em **-ão**. Se dependesse de conhecer a língua de Cícero, quantos doutores brasileiros (ou portugueses) poderiam falar português? Dependesse do acusativo plural latino, e ainda deveríamos falar padres e madres em vez de pais e mães...

Plural de **escrivão**? Pelo latim deve ser... Nada disso. Quem usa o plural desta palavra, sabe qual é. Quem não usa... Bem, esse pode ser vítima de aula de Português e ter que decorar à força. O que é engraçado são estas palavras do articulista, exemplificando um plural que não obedece à regra do acusativo latino: "**escrivães** [...] por causa de **escribanos**, em Latim".

Latim "escribanos"... Quem não sabe que é *scribere*, e não "escribere", a base de *scribanu-* (por *scriba*)?

E como "**escrivães** [...] por causa de **escribanos**"? "Escribanos" sobreviveria como "escrivãos". "Escrivães", com **-es**, pressupõe a forma subjacente **escrivanes** (melhor: **escribanes**). E nada de exceção a regras latinas (em latim mesmo era *scriba*). Em português, o par **escrivão/escrivães** implica **escribane/escribanes**, a comparar com **pão/pães** = **pane/panes**.

***

Não será por causa dos substantivos em **-ão** que "brasileiro não consegue aprender seu idioma". Qualquer brasileiro consegue, e sabe muito bem sabido o plural de todos os **-ão** que ele usa.

Mas qual será outra causa de não aprender o idioma?

"A nossa é o tipo da língua que não favorece o falante, por causa da quantidade de detalhes que possui", afirma o professor Clóvis Dini [lecionou no Colégio Porto Seguro, em São Paulo, de 1977 a 2003]. "É uma língua artificial, porque se você falar bem passa por pernóstico."

Num estado desenvolvido, conceitos tão subdesenvolvidos. Todas e quaisquer línguas favorecem o falante, propiciam-lhe plena comunicação. Quantidade de detalhes? Não: regras. Qualquer língua precisa de regras para funcionar. O número delas varia de língua para língua, mas nunca são tantas que qualquer falante não as possa dominar. "Quantidade de detalhes" é por conta dos gramáticos e professores que não sabem sistematizar, ordenar regras. Realmente, em qualquer ato de fala, entram inúmeros detalhes — semânticos, léxicos, sintáticos, morfológicos, fonéticos; mas detalhes tão naturais a qualquer falante como o comer e o beber — onde os detalhes também não são poucos.

Essa pretensa "quantidade de detalhes" faz do Português do Brasil "uma língua artificial, porque se você falar bem passa por pernóstico".

Confirmado: os "detalhes" do professor paulista não são os detalhes naturais que qualquer criança domina falando a sua língua. São os confusos detalhes das gramáticas e de professores de Português. Detalhes tão artificiais que só podem determinar uma linguagem artificial, pernóstica. Detalhe gramatical artificial, estranho ao português brasileiro, é a chamada "mesóclise" e certas ênclises. Acreditar nesses detalhes, seguindo a lição de certas gramáticas e professores, dá em frases como **Dar-lhe-ei um livro** ou **Vamo-nos daqui** (exemplos do articulista). Isso é confundir gramática lusitana com gramática brasileira do português. **Trá-lo-ei** é natural, espontâneo, na boca de lavadeira de Coimbra, mas será pernóstica violência na boca de doutor brasileiro? Agora, desde quando falar pernóstico é falar bem?

"E, [vírgula do articulista] certas palavras, por força do hábito popular, já não podem ser pronunciadas corretamente sob pena de ninguém entender. É o caso de obsoleto (obsoléto) ou lerdo (lêrdo)."

Pronúncia correta é a pronúncia natural, espontânea das pessoas. Havendo duas pronúncias naturais, as duas são igualmente corretas; talvez uma majoritária, e outra minoritária. No Brasil, há **cáqui** (fruta) e **caqui**. No Rio Grande do Sul o "correto" (= o usual, o natural, o espontâneo) é **cáqui**; em outros estados, o "correto" é **caqui**. Em Portugal, o equivalente originário é **dióspiro**, mas o usual hoje (o natural, o "correto") — segundo pude escutar — é **diospiro**.

O critério de "correção", em linguagem, é de ordem social consuetudinária, isto é, depreende-se (não se impõe) dos usos e costumes da sociedade. História, lógica, autoridade, etc. são outros departamentos; nada a ver.

Se as pessoas pronunciam obsoleto com **o** fechado e lerdo com **e** aberto — essas são as pronúncias "corretas". Nada de invocar pronúncias originárias, instruções contrárias ("detalhes") de gramáticas ou dicionários...

***

Que outro departamento da língua é tão complicado, tão cheio de "quantidade de detalhes", que "o brasileiro não consegue aprender seu idioma"?

"[...] 'Alguns elementos do nosso idioma realmente não têm regras fixas e devem ser aprendidos pesquisando-se no dicionário' — afirma o professor Napoleão Mendes de Almeida. [...] 'Não existem meios lógicos para saber, por exemplo, quando uma palavra deve ser escrita com **s** ou **z**. Nem quando o **x** deve ser pronunciado com o som de **ch** (luxo), **ss** (máximo), **z** (exame) ou **ks** (intoxicação).'"

Uma coisa é a língua "sistemas de signos orais", e outra coisa a representação gráfica desse sistema-língua.

"Não têm regras fixas." Ou é regra, ou não é regra. Se é regra, é fixa. Mas não há regras variáveis? Há; mas a própria variabilidade é "fixa", isto é, determinada. Ninguém pode variar à vontade, a seu capricho. Digamos diferente: às vezes há duas ou mais regras (fixas) para um mesmo fato. E é bom que assim seja: afinal, a conduta das pessoas não é variável?

Mas está-se falando aí da língua escrita, onde "alguns elementos [...] devem ser aprendidos no dicionário". Realmente, aprendemos a escrita com a vista. E é olhando as palavras que aprendemos a sua forma gráfica — olhando-as nos livros, nos dicionários, em todo papel impresso.

"Não existem meios lógicos" para saber o **s** e o **z** das palavras. As palavras são como são; não vai "lógica" nisso. Me corrijo: alguma lógica vai, pois nisso de **s/z** a nossa escrita obedece a critérios etimológicos. Certo, uma lógica historicista fora do alcance do homem comum. Mas é uma dificuldade menor: muito rapidamente, qualquer pessoa que lê e escreve familiariza-se com a imagem gráfica das palavras. Se a criança tão naturalmente se familiariza com os incríveis detalhes fônicos das palavras, por que seria menos natural familiarizar-se com os poucos (pouquíssimos) detalhes gráficos? Perdoem o óbvio: problemas ortográficos (**s, z, c, x**...) só tem quem lê pouco ou lê sem atenção.

E professores a perder tempo com regras e regrinhas de ortografia... A ortografia, como a fala, se aprende ao natural, via intuitiva: a fala — ouvindo e falando; a ortografia — lendo e escrevendo. Elementar!

Nada de obstruir a cabeça dos alunos com regras, regrinhas e exceções. As regras já estão na cabeça deles — e de maneira muito mais completa e segura do que as possam prover professores e gramáticos os mais geniais.

Quem lê **exceção**, escreve **exceção**. Assim, com todas as letras certas. Ao natural. Não precisa saber que isso continua o latim *exceptione*. Mas, se um professor inteligente lembrar ao aluno o parentesco entre **exceção** e **excepcional**, então já estamos num terreno de "lógica": as sibilantes de **excepcional** são as mesmas de **exceção**; como posso então cometer a bisonhice de um **ss**?

Quanto a como "deve ser pronunciado o **x**", isso é outra confusão entre língua (fala) e escrita. Não se pronuncia **x** nenhum. O **x** se escreve, para representar vários sons e fonemas. Quem não sabe como se pronuncia **luxo**, **máximo**, **exame** e **tóxico**? Pronuncia-se como se pronuncia (alguns, muitos?, pronunciam **tóchico**...). Escrever os vários sons com o mesmo **x** decorre da orientação etimológica da nossa escrita. Nenhum problema: aprende-se, fixa-se, lendo, lendo, lendo.

***

Se nem o plural variável dos substantivos em **-ão**, nem a "quantidade de detalhes", de regras e exceções, nem a falta de "meios lógicos" para saber quando escrever **s, z** ou **x**, se nada disso explica por que "o brasileiro não consegue aprender seu idioma", que outras razões haverá?

Um ensino da gramática, "carregado de nuvens de discórdia. [...] Há muitos pontos de divergência entre os próprios mestres. Regra geral, por exemplo, os gramáticos classificam as orações começadas por **quem** como adjetivas; outros garantem que são substantivas e os estudantes não entendiam nada".

Não entendem nada? Melhor não entenderem nada mesmo... Saber uma língua será saber que uma seqüência encabeçada por **quem** é uma "oração" ("proposição", "cláusula"), e oração "subordinada", e saber ainda dizer se é "substantiva" ou "adjetiva"? Quem não sabe fazer frases como **Sei quem fez isto, Isso é choro de quem perdeu, Quem não chora não mama, Será verdade que quem não chora não mama**? Será preciso também saber classificar as palavras e orações envolvidas? "Aprender o idioma" é aprender o que é "substantivo", o que é "adjetivo" e o que é "oração"? E depois, o que é "oração substantiva" e o que é "oração adjetiva"? E aprender que o gramático Xis classifica o pedaço **quem não chora** de "oração subordinada substantiva", ao que passo que o gramático Ipsilone classifica o mesmo pedaço de "oração subordinada adjetiva", enquanto o gramático Zê resolve que é mais exato classificar de "oração subordinada adjetiva relativa", enquanto e ao passo que o gramático Dábliu dá uma classificação conciliatória, mais completa: "oração subordinada substantiva derivada (por transformação) de uma oração adjetiva relativa por supressão ou omissão do nome substantivo antecedente"?...

Soa a deboche perguntar se isso é ensinar a aprender o idioma. E, no entanto, quantos professores de Português malbaratam nisso horas e horas que deviam ser avaramente empregadas na prática da língua, em treinamentos de fala, de leitura e de redação. Gramática? Vale a que está na cabeça dos falantes nativos (a Gramática interior). O que estes precisam é manobrar mais e mais com ela, aprender segredos de como melhorar as frases orais e as frases escritas.

As divergências entre gramáticos, entre as teorias gramaticais, entre a Gramática (livro, teoria) e a realidade, isso é o que semeia dificuldades lá onde as coisas brotam singelas, naturais. "Isso dá para desesperar qualquer estrangeiro que aprendeu corretamente [sic] em seu país a Língua Portuguesa, e descobre que seus conhecimentos prévios não servem para um bate-papo informal", diz o professor Mendes de Almeida, citado pelo articulista.

Realmente fantástico: o chinês aprendeu corretamente o português na sua terra; então vem ao Brasil, para descobrir que aquele aprendizado de português correto não dá para o gasto de um bate-papo!... Mas como, o que "aprendeu corretamente"? Os exemplos que motivaram tão genial e deprimente constatação eram: **dar-lhe-ei**, **vamo-nos**, como colocação correta dos pronomes; obsoleto (-**lé**-) e lerdo (**ê**), como pronúncia "correta". Isso o chinês teria aprendido corretamente em livros, gramáticas. Aí o chinês chega aqui, e os brasileiros falam tudo "errado": **lhe dou**, **vou lhe dar**; obsoleto com **e** fechado e lerdo com **e** aberto... "Dá para desesperar", porque de repente o chinês vai ter simplesmente que aprender o português ao natural, ouvindo e falando, como — parece! — se aprende qualquer língua do mundo.

***

Diferenças entre regr(inh)as livrescas de gramáticas — colocação lusitana dos pronomes, pronúncia obsoleta de vocábulos — e a prática real da língua viva; divergências entre gramáticos — classificação de orações —, nada disso tampouco explica por que "brasileiro não consegue aprender seu idioma".

Que outra causa então?

"Esse [classificação das orações **quem**] é apenas um dos muitos problemas para se aprender Português. A crase, por exemplo, pode até ser regida por questões sentimentais: segundo os gramáticos, quando se dirige uma dedicatória a uma mulher com quem se tem intimidade, se usa crase. Caso contrário, não. Pior ainda é entender o hífen, segundo Mendes de Almeida, introduzido no idioma por um dos autores da *Nomenclatura gramatical brasileira*, de 1943 [...]."

A crase, impedindo de aprender a língua... — isso é problema de escrita, não de "língua". Aliás, problema de nenhuma importância. Se pronuncio [a], posso escrever **a**. Um acento grave não marca nenhuma diferença fonética. Mera sinalização de clareza orientando o leitor para a presença subjacente de dois **aa**. "Língua" (fala) não tem acentinhos. Agora, a falta de domínio dessa coisa tão simples — **a a ➜ à** é sim uma denúncia diária contra o ensino da escrita, que é onde a escola fracassa. E fracassa como em quase todo o seu ensino artificial do idioma. Na vida se aprende; na escola... (quem sabe, se desaprende).

Agora, essa de crase "regida por questões sentimentais" — é genial. Na dedicatória a uma mulher íntima... E se a dedicatória for "Para a Maria Luísa...", "se usa crase"? ("Crase" querendo significar "acento grave"...) Por bobagens assim é que brasileiro se nega a aprender o que seja crase...

"Pior ainda é [...] o hífen"...! Outro risquinho da escrita, que nada tem a ver com a língua. "Língua" não tem risquinhos, tem é sons. Escrever ponto de vista, ou ponto-de-vista; má fé, ou má-fé; socioeconômico, ou sócio-econômico; riograndense, ou rio-grandense... — altera alguma coisa na comunicação? Mas, sobretudo, tem algo a ver com a "língua — sistema de signos orais"?

Agora, essa de "hífen [...] introduzido no idioma por um dos autores da Nomenclatura Gramatical Brasileira, de 1943"! A Nomenclatura Gramatical Brasileira nada tem a ver com hífen, e sim com os termos aconselhados no ensino da Gramática (artificial). É mera lista de nomes — claro: nomenclatura! — e leva a data de 1958. De 1943 é o Acordo Ortográfico Luso-Brasileiro, que, por sua vez, nada tem que ver com a "introdução" do hífen. Como se antes desse Acordo não se usasse o traço-de-união...

O trecho transcrito nesta seção, como aquele outro sobre a inexistência de meios lógicos para saber quando escrever **s** ou **z**, ou como pronunciar o **x**, é mais uma prova da lamentável confusão entre a língua verdadeira, sistema de signos verbais vocais, e a sua secundária representação gráfica. Deficiências neste sistema secundário se corrigem ao natural pela exposição multiplicada a textos escritos. Em termos mais simples: o domínio da escrita se aprimora ao natural, lendo, lendo, lendo. E não se torturando com regrinhas e exceções de ortografia, crase, hífen, etc.

***

"Ele [Napoleão M. de Almeida] se queixa, principalmente, de que erros da língua falada já estão influenciando a escrita e que isso possa enfraquecer o idioma. [...] Os próprios professores, contudo, reconhecem que recebem influências no dia-a-dia que põem em xeque seus conhecimentos. A principal delas talvez seja através da televisão. 'É um veículo muito forte que pode contribuir decisivamente para a formação de uma lingüística no país', afirma o professor Clóvis Dini. 'Em vez disso, o que vemos no Brasil, é que existe uma linguagem empregada no telejornal e outra nas novelas. A primeira bastante correta; a outra, de qualidade duvidosa. Por que essa diferença?' Essa constatação é também suficiente para deixar indignados puristas como Mendes de Almeida. Para ele, a língua é a própria expressão do povo. 'E no nosso caso é desanimador verificar que ela expressa ignorância', protesta. Na verdade, saber se quem está certo é o povo ou são os livros é uma longa discussão, pois, como lembra o próprio Mendes de Almeida, o conhecimento de uma língua é fruto de um trabalho intenso, de geração para geração. 'E nós estamos apenas começando', admite ele."

"Erros da língua falada influenciando a escrita"... Uma das primeiras obrigações do professor de Português é deixar bem nítidas a seus alunos as diferenças entre fala e escrita; entre fala inculta e fala culta; entre fala culta formal e informal; entre escrita comum e escrita literária.

No mais, influência da fala na escrita sempre haverá. E é muito bom que haja: é a vivificação de algo que, sem isso, tenderia à fossilização, ao bolor do papel impresso. Vejam como os nossos modernistas injetaram de vida a língua literária engravatada, pedante de parnasianos e acadêmicos. Compare-se Coelho Neto e Lins do Rego, Rui Barbosa e Gilberto Freyre, Alberto Oliveira e Manuel Bandeira.

Além disso, é preciso esclarecer o que os lamurientos entendem por "erros" da língua falada. Todas as línguas modernas estão cheias de "erros" consagrados. Quem não sabe que as línguas evoluem? Ontem "devíamo-nos aconselhar", "custou-me crer"..., hoje "devíamos nos aconselhar", "custei a acreditar"... Ontem, "tu e ele propondes", hoje "tu e ele propõem", ontem "isto implica coragem", hoje "implica em coragem". Etcétera. "Erros" são os vislumbres do futuro. Naturalmente não falo de inépcias ou bisonhices de expressão, que a vida enterra ou corrige por si. Errors, indícios de evolução, são governados por regras de economia e expressividade: há uma "gramática de erros" (cf. Henri Frei, *La Grammaire des fautes*. Paris, 1929). Lutar obtusamente contra eles é a inglória dos reacionários.

As influências do dia-a-dia (devem alertar os professores para o que é realismo lingüístico cotidiano e o que é língua padrão; o que é fala vulgar e fala culta; o que é gíria e o que é fala formal; etc. Nada do dia-a-dia põe em xeque os conhecimentos de um professor de Português; pelo contrário, enriquece-os. Em algum tempo as coisas terão sido diferentes? Ou será que Cícero rebuscava frases retóricas quando papeava com a sua Júlia?

E essa tirada sobre a televisão é outra genialidade. Imaginem só a televisão formando uma lingüística no país... Empregando uma linguagem "bastante correta" [Oh, concessão!] no telejornal, mas outra nas novelas, "de qualidade duvidosa". Não; cheia de "erros": **Você vai falar com teu irmão? Encontrei ele... Fazem dias que não lhe vejo... Foram no cinema...** — Mas será tão difícil entender que uma coisa é linguagem jornalística para o país inteiro, e outra a linguagem coloquial das personagens novelescas, livre de qualquer formalismo?

Por que a diferença entre linguagem de telejornal e linguagem de personagens de novela? Pergunta realmente perplexa! Imaginem uma dondoca fútil e um motorista de subúrbio fazendo frases de *Jornal Nacional* ou de *Globo Repórter*...

Será que esses professores de um estado superdesenvolvido já ouviram falar em funções da linguagem, em padrões e níveis de fala? Saberão que, além disso, há linguagem informativa e linguagem afetiva (apelativa, exclamativa, imperativa)?! Nunca se deram conta de que um ator imita a fala real das pessoas? E que a fala cotidiana das pessoas não é "errada", mas apenas "diferente" da fala padrão formal? A fala do presidente à nação será correta (lapsos eventuais descontados), mas também é correta, **no seu nível e função**, a fala da cozinheira (lapsos eventuais descontados). "Errado" é o que não existe na língua, o que não é previsto pelas suas regras, levados sempre em conta os vários níveis de gramática. Veja: **dar-lhe-ei um livro; hei de lhe dar um livro; hei de dar-lhe um livro; lhe darei um livro; vou dar-lhe um livro; vou-lhe dar um livro; vou lhe dar um livro...** Mas não *darei livro; vou dar um livro lhe; *livro vou dar um lhe; *lhe ei dar um livro; *hei-lhe dar um livro; etc; etc. Além disso, **dar-lhe-ei um livro** é inaceitável (imprevisível) na boca da cozinheira ou do estivador.

Falar uma língua não é jamais, em hipótese nenhuma, aprender regras de livro e aplicá-las na fala diária. O que está em jogo na linguagem nunca é uma "correção" apriorística livresca; está em jogo um **conjunto de regras aprendido no convívio lingüístico, e intuitiva adequação** da fala/escrita. Adequação de quem fala e de quem ouve, aos objetivos visados, às circunstâncias. Elementar, elementaríssimo. Mas é preciso repetir, repetir — à vista das ingenuidades que se ouvem e se lêem por aí.

***

O falar "certo" dos noticiaristas e o falar "errado" dos teleatores são "suficientes para deixar indignados puristas como Mendes de Almeida". Bem compreensível indignação: para o purista, a língua é um monobloco invariável, um conjunto único de regras, inflexíveis, um código cheio de proibição. Nada de variantes, de matizes, de novas soluções expressionais. Nada de criatividade e evolução.

E no entanto, "para ele [o purista citado], a língua é a própria expressão do povo". E o povo quem é? O povo somos todos nós. E a nossa variedade e variabilidade necessariamente fazem a variedade e flexibilidade do nosso instrumento de comunicação. Ainda bem! Nenhuma língua é um uniforme, muito menos uma camisa-de-força. Mas como gostariam os puristas... Enfim teriam a paz, todos falando e escrevendo "certinho"! Quem sabe, o sonho do purista é uma comunidade de robôs?

Língua, "**a própria expressão do povo**", reconhece o purista, ao menos uma vez com a razão. Mas, se reconhece na língua a expressão do povo, por que não aceitar e compreender a variedade dos falares populares? Por que indignar-se quando, no vídeo, o povo se expressa na fala dos atores?

Por quê? O purista se precipita na sua contradição: porque "no nosso caso é desanimador verificar que ela [a língua do povo] expressa ignorância". (E a proverbial sabedoria do povo, hem?) Isso não é problema lingüístico: mesmo os ignorantes, mesmo povos não civilizados têm gramáticas perfeitas (lingüisticamente). Os conteúdos veiculados por esses sistemas de regras, isso é outro assunto. Ignorância é problema de civilização, cultura. Também nisto se equivoca o professor tradicional: quer que alunos que só dominam um nível gramatical inferior, com interferências de gíria e calão, redijam em língua culta sobre conteúdos que não dominam intelectualmente. Escrever em língua culta pressupõe nível cultural, alimentado e realimentado por leitura, leitura, leitura. Ora, a maioria dos nossos jovens, como lê! E... como escreve! E os professores, em vez de ensinar a ler, vão ensinando Gramática. Tudo lógico.

***

"'**A língua é a própria expressão do povo.**' [...] Na verdade, saber se quem está certo é o povo ou são os livros é uma longa discussão, pois, como lembra o próprio Mendes de Almeida, o conhecimento de uma língua é fruto de um trabalho intenso, de geração para geração."

Interessante! Depois de reconhecer que "**a língua é a própria expressão do povo**", raciocina-se que "na verdade é uma longa discussão saber se quem está certo é o povo ou são os livros"!... Afinal, quem é primeiro, o povo ou os livros? Quem fala, o povo ou os livros? Onde nasce a língua — no povo ou nos livros?

É um velho, multissecular axioma, que até me envergonho de lembrar: É O POVO QUE FAZ A LÍNGUA. Claro, claríssimo. Se não houvesse povo francês, haveria língua francesa? Se não houvesse povo alemão, haveria língua alemã? Se não houvesse povo inglês, haveria língua inglesa? Depois, só depois de feita a língua, apareceram livros em francês, livros em alemão, livros em inglês. Depois, depois, ainda, livros sobre o francês, sobre o alemão, sobre o inglês.

Além disso, houve povos que "fizeram" a sua língua, mas na qual e sobre a qual não se escreveu livro algum. Deixaram de ser línguas por isso? E no caso dessas línguas sem escrita (línguas "ágrafas"), quem estava certo — o povo, ou os livros?! Pelo amor de Deus, não ponham indagações dessas no papel, que dá um constrangimento penoso no leitor. Será que, em fins do século xx, ainda sobrenadam idéias tão ingênuas sobre linguagem e línguas? Será que não aconteceu nada nas ciências humanas — antropologia, sociologia, psicologia, lingüística, sociolingüística, psicolingüística?

Se **a língua é do povo** antes de ser dos livros — melhor: antes de "estar" nos livros —, é óbvio que "**quem está certo é o povo**". Naturalmente há povo e povo. Simplifiquemos, tripartindo: povo analfabeto, povo escolarizado, povo culto. Deve ficar claro que o povo faz a língua em seus diversos níveis: a camadas socioculturais correspondem camadas lingüísticas. Cada "povo", no seu nível, está lingüisticamente certo (sob pena de nem poder haver comunicação: a comunicação depende da observância de um sistema de regras, ou seja, de uma "gramática"). Lingüisticamente: o povo analfabeto está certo como analfabeto (tem a sua gramática, lingüisticamente perfeita; ser socialmente menosprezada é outro assunto...); o povo escolarizado está certo como escolarizado; e o povo culto, certo como observante de uma norma culta. "A língua — unidade na variedade" (H. Schuchardt).

Falar ou escrever implica fazer e refazer constantemente a língua. Nenhuma língua está pronta, definitiva, feita para sempre. Por isso se diz que não há língua estática; todas são dinâmicas, evoluem sem cessar. Dizer que "o povo faz a língua" significa que ele a revalida e aperfeiçoa na sua atuação cotidiana. "Uma língua vive em perpétua formação, sendo portanto própria e obra de quantos a falam como língua natural", escreveu Amado Alonso (*Castellano, español, idioma nacional*. Buenos Aires, 1938).

Sobre as raízes populares de toda língua, permitam transcrever uma afirmação de Simeon Potter (*A linguagem no mundo moderno*. Lisboa, 1965): "A saúde e a robustez de uma língua dependem, acima de tudo, da linguagem comum constantemente renovada e rejuvenescida pela melhor conversação diária". E em seguida reforça suas idéias com um texto de Logan Pearsall Smith (*Words and idioms*): "[...] a linguagem humana é [...] um produto democrático, criação não de eruditos e gramáticos, mas de pessoas não instruídas e iletradas. Os eruditos e homens ilustrados podem cultivá-la e enriquecê-la, fazendo-a florescer como linguagem literária, mas as suas mais belas flores rompem de um tronco selvagem e as suas raízes mergulham profundamente num solo comum".

***

Certo o povo, ou certos os livros? Dito aquilo sobre "o povo que faz a língua" — com perdão de tudo o que ali ululava de óbvio... —, vamos à dúvida do articulista: "Na verdade, saber se quem está certo é o povo ou são os livros é uma longa discussão".

O livro é objeto tão prestigiado, mitificado, que jamais o homem comum vai admitir que uma fala possa estar tão certa como a de um livro. Para muitos (a maioria?), o que está impresso é artigo de fé. Tão comum, por exemplo, o espanto de alunos universitários quando o professor se vê obrigado a apontar contradições e erros em obras consagradas ou assinadas por nomes famosos.

Ora, ora, "longa discussão" sobre quem está certo, o povo ou os livros... Pode estar certo o povo e certo o livro. Pode estar certo o povo, e errado o livro. Pode estar errado o povo, e certo o livro. E pode estar errado o povo e errado o livro. Arranjos e combinações, matematicamente quatro possibilidades.

Se o povo (brasileiro) fala "Cheguei em casa", "Fui no cinema" e o livro (Gramática, no caso) registra a regra "chegar em" e "ir em" (ao lado de "chegar a" e "ir a"), então povo e livro estão certos. O povo com o seu uso e o livro com o fiel registro dele.

Mas se o livro impõe a regra de que "com verbos de movimento" deve-se empregar as preposições **a** ou **para** ("chegar a casa", "ir ao cinema"), e não **em**, que é de "verbos estáticos", então está errado o livro, pois não registrou o uso do povo, autodeterminado em seus usos e costumes de linguagem.

A hipótese "estar errado o povo" é, em linguagem, uma impossibilidade. Erram, falham indivíduos em atos lingüísticos isolados. Lapsos ou desleixos, infrações no desempenho ou performance verbal que os próprios infratores sabem identificar e corrigir. "Estar errado o povo?" Povo, aqui, é o "conjunto dos falantes", no mínimo a maioria deles, na maioria (no comum, habitual) dos seus atos lingüísticos. E a maioria, em linguagem, está sempre com a razão. A maioria é lingüisticamente inerrável, infalível.

No fundo, essa descabida discussão de certo o povo/certos os livros é mais um fruto da confusão entre "a" língua e sua representação gráfica. Normalmente, e por motivos que dispensam explicação, a escrita serve-se do nível culto mais formal da língua. Quem escreve, não o faz para exprimir o prosaico dia-a-dia (saudações, exclamações, perguntas, respostas, piadas...), como a fala; aborda questões mais elevadas, assuntos de interesse coletivo — informativos, burocráticos, técnicos, culturais, artísticos, etc. E quem escreve, dispõe de tempo para consultar livros, para elaborar suas frases, corrigir, retocar, melhorar. Se, além disso, for um artista da palavra, a variedade mais culta da língua lhe propiciará desempenhos lingüísticos do mais alto valor. Pensem nas obras de Machado de Assis e Eça de Queirós, de Cecília Meireles e Fernando Pessoa.

É uma injustiça gritante, então, comparar fala e escrita, em termos de nível de linguagem. É pôr na balança objetos entre os quais não há termos de comparação. Padrões, níveis, funções totalmente diferentes.

Se observarmos agora que a Gramática artificial (aquela que se ensina na escola e pela qual tantos pretendem julgar os desempenhos lingüísticos cotidianos) é induzida desses textos escritos, e mais, dos melhores textos literários, dos chamados "clássicos" da língua — facilmente compreenderemos por que os lingüisticamente ingênuos, puristas incluídos, têm a serena convicção de que estão certos os livros, e errado o povo ("Todos falam errado"!).

Pois então é inevitável esclarecer: os livros não estão, lingüisticamente, mais certos do que as humildes frases cotidianas (lapsos descontados). (Eu disse "mais certos", e não "mais profundos", "mais belos".) Mas, acima de tudo: nem haveria livros geniais — ou outros quaisquer — se não houvesse primeiro "a" língua sistema vocal, que torna possíveis falas e escritos. A estes e àqueles subjaz a mesma entidade.

Há certamente livros que os ingênuos julgam estarem certos, e não o povo: aqueles que contêm as regras do falar e escrever correto — as gramáticas e similares.

Então, de novo: quem está certo — o povo, ou as gramáticas? Quem está certo é a gramática da língua, o seu sistema vigente de regras. A **Gramática natural**, memória lingüística dos falantes, o que venho chamando de Gramática interior. A gramática teoria ou livro sobre isso — **Gramática artificial** — só vale como registro daquela única verdadeira gramática.

Mas por quantas vezes parece estar certa a Gramática — a Gramática Normativa, digamos — e errado o povo? Porque a Gramática se restringe ao nível de língua mais culto em registro formal (quando não hiperformal), e por esse padrão ideal (idealíssimo) querem bitolar a linguagem corrente — de níveis e registros variados.

A gente pagava ele e tava tudo legal seria uma frase popular. "Errada", segundo o ingênuo, para quem o "certo", em obediência à Gramática Normativa, só pode ser: **Nós lhe pagaríamos** (ou **pagaríamos a ele**) **e estaria tudo certo** (ou **bem**).

Não só a Gramática Normativa se atém à língua literária (de preferência, à dos clássicos), mas tende a um estaticismo esclerosante. Não se renova, não acompanha nem a evolução da língua literária, já de si conservadora. Daí a insistência em construções como "**custou-lhe acreditar**" ou "**custou-lhe a acreditar**", quando os escritores atuais já afinam pela sintaxe coloquial "**ele (ela) custou a acreditar**". E ainda há, entre gramáticos normativos, a tendência logicista, que acha "certo" mesmo só a primeira versão, "**custou-lhe acreditar**", pois **acreditar**, sendo sujeito — "acreditar custou a ele" —, não pode ser regido de preposição.

Não preciso alongar este item. Todos conhecem as gramáticas tradicionais e a distância entre elas e a língua real — quero dizer, todos conhecem o maior ou menor irrealismo das nossas gramáticas. E todos conhecem esses livros de textos errados e corrigidos, e outros que pretendem ensinar como não errar mais...

Esse irrealismo lingüístico, e esses mal-entendidos sobre padrões, níveis e registros de linguagem, essa ditadura gramatical que pretende impor a todos e em todas as circunstâncias um único modelo "certo" de linguagem — isso justamente explica que "dá para desesperar qualquer estrangeiro que aprendeu corretamente [!] em seu país a Língua Portuguesa, e descobre que seus conhecimentos prévios não servem para um bate-papo informal" (Napoleão Mendes de Almeida). E por isso é que, modernamente, o ensino de uma língua para estrangeiros se faz a partir do modelo coloquial (a língua real falada no país). Isto é, trata-se de ajudar o estrangeiro a internalizar o **conjunto vigente de regras do sistema lingüístico (vocal)** a aprender. Desta base essencial, depois, pode-se partir para outros níveis. (Sobre essa diferença entre o português aprendido em gramáticas e o surpreendido na fala de portugueses e brasileiros, há um importante testemunho de Paulo Rónai em *Como aprendi o português e outras aventuras*.)

Muito natural essa discrepância entre livros-gramáticas e povo. Não é que um esteja certo, e o outro, errado. Simplesmente, falam de coisas diferentes. Além do mais, as gramáticas só registram parte das regras da língua. Mesmo isso, com muita incoerência e falta de organicidade. (De normativismos subjetivos nem falo.) Na verdade, as gramáticas-livros só servem para quem já sabe a língua — porque esse, sabendo muito mais e melhor (Gramática interior), pode fazer os devidos descontos, correções e complementações.

***

À confusão entre língua e livros vincula-se também esta passagem do artigo: "Se não bastasse toda essa enorme confusão que é a Língua Portuguesa, existe também uma figura chamada 'licença poética', uma espécie de autorização para cometer erros de fonética ou gramática, sem parecer ignorante".

Vejam só — "essa enorme confusão que é a Língua Portuguesa"! Na cabeça de quem escreveu esse despropósito a confusão deve ser, já não digo enorme, mas enormíssima. Não na cabeça do falante normal, que maneja o seu idioma com o mesmo à-vontade com que se expressa qualquer pessoa na língua do seu país. Falar é como andar, beber um copo d'água. Onde está a enorme confusão?

Mas um tal disparate afina com o resto do artigo. E já sabemos qual a verdadeira confusão: misturar fala e escrita, padrões e níveis de linguagem, regras da língua com regras de livro, misturar "a" língua com coisas (arbitrárias, autoritárias, assistemáticas... CONFUSAS) que sobre ela se escrevem e ensinam.

Sim, a toda essa enorme confusão da Gramática artificial, teoria ou livro, vem ainda agora somar-se a figura da **licença poética**, "espécie de autorização para cometer erros de fonética ou gramática, sem parecer ignorante". Convenhamos: uma definição que merece registro num almanaque de recordes de... — isso mesmo que o leitor está pensando.

Licenças poéticas, antes de mais nada, são fatos da língua escrita literária; especificamente, da linguagem poética versificada. Para acertar a dimensão e o ritmo do verso e as rimas, segundo um sistema de regras (de "metrificação" e "versificação") preestabelecido, podiam os poetas recorrer a variações vocabulares: 1. Com acréscimo de fonema(s): abastar, alevantar, avoar...; Mavorte, [ritimu]...; mártire, fugace, faze, quere... 2. Com supressão: 'stamos, 'inda, 'té...; pra, esp'rança, séc'lo, cuidoso...; co'a, mui, vai, mármor... 3. Com deslocação de acento: Dário, Próteu, Samária (usou Camões, em lugar de Dario, Proteu, e Samaria). Castro Alves, precisando de rima para **Bórgia** (Lucrécia) mudou

orgia em **órgia**. Em outro poema, **Desdêmona** torna-se **Desdemona**, a rimar com **Madona**. Álvares de Azevedo ("Poema do frade") ajeitou, para rimar com **destino**, um óleo de **ricino**. Há **crisantemo** rimando com **extremo**, em Olegário Mariano ("Dona Tristeza"). E para uma rima com **mulher**, Emiliano Perneta ("Canção do Diabo") "destroncou" um Lucifer (**é**)... Há **pégada** em Castro Alves ("A Maciel Monteiro"), **Eolo** (**eó**), por **Éolo** (rei dos ventos), em Camões e Castro Alves. Etc.

Como pode ver o leitor, na quase totalidade dos casos, os poetas simplesmente recorriam a **variantes** da língua. Nenhum "erro" nisso (relembro: "erro" é o que não existe na língua, o que as regras desta não viabilizam). Recurso à variabilidade idiomática para acertar o verso, a rima = quem não pronuncia, ao natural, **ritimu, abisulútu**...? Pois então, na poesia, **ritmo e absoluto** podem contar, respectivamente, três e cinco sílabas; e é a contagem normal (conferir em Quintana e poetas modernos em geral). **Crisantemo** [krizãntemu] é hoje mais usual do que **crisântemo** (Vinicius de Moraes: louvemos... os **crisantemos**). Aquela **órgia** de Castro Alves, por mais estranho, era a pronúncia originária.

É bom advertir que isso de licença poética é mais de poetas antigos (e por isso escrevi "podiam", "recorriam"), quando a poesia ainda era concebida como linguagem especial, quase requerendo desvios da norma comum. Hoje, licença poética (expediente para acertar o verso) é antes coisa de versejador, não de poeta.

Mas isso nada tem a ver com "por que o brasileiro não consegue aprender o seu idioma". "Confusão da Língua Portuguesa"? Não: confusão de leigo que se extravia em terreno especializado.

***

"Tudo isso, sem contar aqueles que, não satisfeitos com os 280 mil termos do idioma (13 mil só de verbos), criam novos. O mais famoso deles é o escritor Guimarães Rosa, que misturou palavras, inventou outras e é hoje considerado um dos gênios da língua."

Com estas duas frases, o articulista encerra as suas explicações dos motivos da matéria "Por que o brasileiro não consegue aprender seu idioma".

"Tudo isso" quer dizer: licenças poéticas, dificuldades, ortográficas (crase, hífen, sibilantes — **s/z, x**...), regras gramaticais complicadas, divergências entre gramáticos, entre povo e livros, erros na linguagem da tevê, pronúncia "correta" e pronúncia real, plural das palavras em **-ão**, mais regras que exceções... Pois, além de tudo isso — a "enorme confusão da língua portuguesa"... —, ainda o problema do vocabulário... Como se o articulista dissesse que, além de precisar aprender (decorar, de preferência...) tantas regras com exceções ("mais exceções que regras"), para "aprender seu idioma", o brasileiro tem de aprender umas 300 mil palavras, mais aquelas que inventam os "não satisfeitos". Conseqüência forçosa = "brasileiro não consegue aprender seu idioma".

Duzentos e oitenta mil "termos"? Até que o autor do artigo é modesto. O novo vocabulário da Academia — Vocabulário Ortográfico da Língua Portuguesa, 1981 — registra uns 400 mil vocábulos. E, curiosidade, num rápido exame pude verificar que escaparam inúmeros vocábulos; até a letra E, mais de 500 (quinhentos), muitos deles corriqueiros (ambiental, apaixonante, apartidário, aumentista, auto-escola, cabeçudez, cami(nh)oneiro, co-edição...).

Então... o problema é ainda pior que o articulista imaginava? Nada a ver! Opulência vocabular, expansão contínua do léxico, de fato, nada tem a ver com o domínio efetivo e prático da língua. Para se comunicar no dia-a-dia, o falante dispõe de **todas** as palavras de que precisa. Em caso de necessidade, também ele sabe criar palavras novas. Isto! Não precisa ser um Guimarães Rosa: toda língua é um sistema aberto (no território da linguagem, a abertura é perpétua...), há sempre novas palavras nascendo — afinal, novos objetos e novas idéias não precisam de nome?

Escrevi que "o falante dispõe de todas as palavras de que precisa". Há falante e falante: cada um precisa de palavras na medida de seu descortino cultural, de suas necessidades de expressão. Campo intelectual diversificado, especialização aprofundada, sutileza de pensamento e sentimento — maior necessidade de vocabulário, de diversificação lexical. Vocabulário de filósofo não é vocabulário de pedreiro.

Convém distinguir entre vocabulário ativo (da comunicação habitual) e passivo: entre atual e potencial; entre básico e ampliado. Muito em voga, hoje, a pesquisa do **vocabulário básico** das línguas.

É um despropósito falar em 400 mil palavras, ou mesmo 200 mil: essas cifras se perfazem artificialmente, à custa de inúmeros elementos de ocorrência mínima, vocábulos obsoletos, termos altamente especializados, etc. Para o domínio comum de qualquer língua basta o chamado vocabulário básico. Quantas palavras? Não tenho dados a respeito do português, mas aqui à mão um livrinho sobre "o alemão fundamental": *Grundwortschatz Deutsch*, de Heinz Oehler, Stuttgart, 1966. Quantas palavras básicas? Umas 2 mil. E lá se diz no prefácio: "Quem domina a fundo este vocabulário de base está apto a compreender o alemão e se fazer entender a contento nessa língua".

Duas mil, 4 ou 5 mil, 10 mil palavras... A gente se queixa do vocabulário mínimo dos jovens. O problema não é decorar palavras, mas crescer culturalmente e enriquecer seu mundo interior.

Aprender uma língua inclui necessariamente a aquisição de um vocabulário básico. Lembrar deste óbvio não significa que eu pense que o falante deva estacionar num estoque mínimo de palavras. Ampliar-se o vocabulário decorre ao natural da ampliação dos horizontes intelectuais, mas nada altera no mecanismo gramatical (estruturação de frases) da língua.

Não sou, jamais me permitiria ser, conivente com a penúria vocabular de parte dos nossos jovens. Mas não sou ingênuo de imaginar que a solução, para os indigentes de léxico, esteja em ensinar-lhes palavras, mandar pesquisar em dicionários. Expansão lexical, no caso, não é problema lingüístico-pedagógico, e sim problema cultural. Questão de estudo mais sério, pesquisa e — a tecla surrada de sempre, perdoem — mais leitura, mais leitura.

Se digo que gostaria que os jovens tivessem um vocabulário maior, é porque gostaria que fossem mais ávidos de saber, mais inquietos espiritualmente, mais reflexivos, mais raciocinantes, mais críticos. A pobreza vocabular me preocupa porque sintoma de outra pobreza, de outras pobrezas. E nessa preocupação permitam-me transcrever as palavras de um professor paulista:

> "A característica intelectual mais evidente da nova geração é a incapacidade de exprimir-se, é a pobreza franciscana de vocabulário, é o apego à linguagem gíria como tábua de salvação. [...] Os professores não sabem orientar a leitura de um texto, no sentido de extrair dele uma lição de vida e um aprimoramento de nossa sensibilidade lingüística. [...]
> O regresso, pois, do educando à leitura, é parte da terapêutica das enfermidades mentais de que padece a nossa geração. [...]
> A culpa desse estado de coisas não reside propriamente na nossa juventude; as causas são inúmeras, complexas (algumas até inevitáveis), e a terapêutica deve merecer por parte dos pedagogos especializados um estudo sério" (Segismundo Spina, "Palavras da 'geração sem palavras'", em *Da Idade Média e outra idades*, São Paulo, Conselho Estadual de Cultura, s. d.).

Em suma: 380 mil ou meio milhão de palavras, mais as criações vocabulares de escritores inventivos — também não é isso que explica "por que o brasileiro não consegue aprender seu idioma". Aprender o idioma, ele aprende — o de seu nível; mas bem que gostaríamos que pelo menos parte da riqueza lexical da língua espelhasse também a riqueza em cultura dos brasileiros em geral. Isto, porém, não é desejar melhoria de linguagem, o produto: é sonhar com uma revolução sócio-econômico-político-cultural.

***

Quando se diz que por volta dos seis anos a criança sabe o essencial da sua língua, admite-se que ela também domina o respectivo vocabulário básico. Quantas palavras?

Relendo agora o *Psicolingüística aplicada ao ensino de línguas* (1979), da lingüista romena Tatiana Slama-Cazacu, encontro justamente uma referência ao "ritmo acelerado pelo qual a criança aprende o léxico de uma língua (particularmente depois de um ano e meio e três anos)" (p. 67). E lá se transcrevem (p. 88) os dados de uma pesquisa (Smith, apud McCarthy, 1952, "Le développement du langage chez l'enfant", L. Carmichael (org.), *Manuel de psychologie de l'enfant*. Paris, PUF, v. II, 1952, pp. 751-916):

IDADE		NÚMEROS DE PALAVRAS	PROGRESSO
ANOS	MESES		
1	0	3	3
1	6	22	19
1	9	118	96
2	0	272	154
2	6	446	174
3	0	896	450
3	6	1222	326
4	0	1540	218
4	6	1870	330
5	0	2072	202
5	6	2286	217
6	0	2562	273

O pequeno volume contendo o vocabulário básico do alemão (Heinz Oehler), que citei atrás, registra em torno de 2 mil palavras. Pois uma criança de seis anos, segundo essa pesquisa, domina, ao natural, mais de 2 mil e quinhentas palavras.

Talvez custe acreditar em números tão elevados. Mas essa riqueza vocabular torna-se perfeitamente compreensível desde que a imaginemos distribuída pelos variados campos semântico-lexicais por onde se movimenta a fala da criança: as pessoas — família, parentela, etc. —, o corpo, os alimentos, a casa, as roupas, os animais, as plantas, dias da semana, meses, brinquedos, veículos, histórias, canções, televisão, etc., etc. E naturalmente o vocabulário gramatical: pronomes, determinativos ("pronomes adjetivos") e numerais, interrogativos, advérbios, preposições, conjunções, etc.

Não é verdade, portanto, que os jovens não tenham vocabulário. O que pode acontecer é que, depois desse acelerado ritmo inicial de crescimento vocabular, muitos deles se comprimam propositadamente numa sumária linguagem giriesca, maneira de se afastarem e se protegerem do estereotipado e falso mundo dos adultos cheio de muitas palavras ocas a serviço de poucas idéias e sentimentos de verdade.

E também não é raro suceder que, depois dos seis anos, a criança veja sua criatividade lingüística sufocada na escola, às mãos de mestres ineptos que pretendem lhe ensinar... a língua materna.

***

"Para evitar esse problema, seria importante aumentar o número de aulas de Português nas escolas, principalmente nos cursos de 1º e 2º graus."

Passando por cima da sem-razão do motivo, anteriormente invocado e já refutado — evitar o fato de que "erros da língua falada já estão influenciando a escrita e que isso possa enfraquecer o idioma" —, até podemos concordar. E reforçar: não somente mais aulas — aulas de Português todos os dias.

Isso, porém, é preocupar-se com a quantidade, num terreno onde, acima de tudo, carecemos de **qualidade**. Do jeito como vai o ensino da língua materna, aumentar o número de aulas de Português é apenas aumentar o número de horas malbaratadas. E aumentar as horas de tortura dos alunos. Mais aulas de professores com essas idéias bisonhas que estivemos refutando? Professores que vêem a sua língua como uma "enorme confusão"?

Nada adianta e pode até piorar a atual crise de ensino/aprendizagem, se as aulas forem de má qualidade. Aulas de língua materna que não partem dos conhecimentos idiomáticos do aluno ou, pior ainda, que os contrariam ou insistem em corrigi-los autoritariamente; aulas centradas na obsessão maniqueísta do certo/errado; aulas de ortografia e gramática em vez de prática da língua; aulas de professores que ignoram as noções fundamentais de linguagem, língua, gramática, etc.

Antes que de quantidade, o nosso grande problema é de qualidade. **A qualificação dos professores de Português** deve ser a preocupação prioritária não só das autoridades governamentais mas também de todos quantos têm alguma responsabilidade na Educação, Ensino e Cultura da massa estudantil. Afinal, toda a nossa vida intelectual, alimentação e desenvolvimento cultural só é realizável por meio da língua. **Um mau ensino do idioma nacional é crime de lesa-educação, de lesa-cultura, de lesa-pátria.**

Os conceitos errôneos, idéias preconceituosas, umas tantas ingenuidades (no sentido de desatualização de informações) que tivemos oportunidade — na verdade, obrigação — de refutar nesta série de artigos, evidenciavam a necessidade de levantar algumas questões fundamentais sobre língua, aprendizagem e ensino de língua.

IV
Questões Práticas

A LÍNGUA É DINÂMICA

LÉXICO E DICIONÁRIO Penso que certa má vontade com palavras novas assenta em idéias errôneas sobre o vocabulário, aliás sobre a linguagem em geral. Muitos, parece, imaginam a língua com um estoque de palavras e regras fixo, estabelecido para sempre. Inovações e alterações — proibidas; quando muito, pequenos ajustes. Suposta perfeita, suficiente, a língua é algo mítico, sagrado, intocável. Muito compreensível, pois, a indignação que se apossa dos crentes fiéis a cada novidade ou mudança.

Aqui, pois, um terreno onde se impõe urgente campanha de desmitificação. Uma mente esclarecida, moderna, faz da língua um objeto de estudo e pesquisa, e não um mito. É a língua a serva do homem, e não o inverso. Instrumento de comunicação, ela pode e deve ser ajustada e reajustada quantas vezes for preciso.

Sistema de sinais (léxico) e sistema de regras (gramática) do uso desses sinais, toda língua é antes potência e virtualidade do que estoque ou arquivo. Como léxico — o que ora nos interessa —, é certo que a língua põe à disposição dos falantes (e escreventes) um amplo repertório de palavras consagradas pelo uso secular. Mas também integram o léxico elementos de expansão vocabular: raízes, prefixos e sufixos, que permitem formar espécimes novos. Como o ser humano é dotado da faculdade de criar e recriar linguagem, é natural que toda língua, criação sua, seja um instrumento maleável, adaptadiço, com suficiente abertura à tradução e à expressão de quaisquer novidades no mundo da matéria e do espírito.

LÍNGUA PORTUGUESA, IDIOMA BRASILEIRO "O senhor acha correta a nova denominação de LÍNGUA NACIONAL? Não seria mais correto dizer IDIOMA? Parece-me que foi Mattoso Câmara um dos que afirmou que existe um IDIOMA BRASILEIRO, mas não uma LÍNGUA BRASILEIRA" (Cirilo José, Veranópolis).

De fato, quanto à precisão de termos, "idioma nacional" é melhor que "língua nacional". Vejam bem que eu disse "melhor", não falo em correto ou errado. Pois não vejo erro na locução "língua nacional". Cada nação tem sua língua — língua nacional, portanto. Mas algumas línguas são bem comum de duas ou mais nações, assim o inglês, o francês, o espanhol. E assim o português — língua da nação portuguesa e da nação brasileira, língua nacional do Brasil e de Portugal.

O termo **língua** se toma em sentido mais amplo que **idioma**. Esta palavra liga-se a idéias de "região, próprio, particular" (*idios*, em grego) mais independência política: "o idioma se refere à língua nacional [vejam os termos do autor], propriamente dita, e pressupõe a existência de um estado político [...]: o mirandês, por exemplo, é uma língua, mas não um idioma" (Mattoso). E assim as línguas, não idiomas, dos índios. Todo idioma é uma língua, mas não vice-versa.

Nesse grupo de palavras que designam sistemas lingüísticos, costumo, partindo do geral para o particular, estabelecer esta seqüência: (1) **linguagem** — faculdade de comunicação verbal; (2) **língua** — sistema ou código de signos verbais, amplo esquema de possibilidades expressivas; (3) **idioma** — língua caracterizada pelos usos majoritários numa nação; (4) **dialeto** — língua com traços peculiares a uma região (ou macrorregião); (5) **falar** — língua com as normas particulares de uma comunidade (ou microrregião); (6) **idioleto** — uma língua tal qual a interioriza cada falante, saber lingüístico individual.

Como se vê, fica melhor "idioma nacional". Mas, como todo idioma é uma língua, por que não "língua nacional"? Além do mais, língua é um termo menos sofisticado que idioma.

Língua brasileira é que não vai em boa terminologia lingüística, pois daria a entender que o nosso país tem língua própria, que não a portuguesa. Podemos dizer, em termos precisos, que o idioma brasileiro é a língua portuguesa. A língua portuguesa com estilo brasileiro.

***

A língua é antes de tudo — repito — virtualidade, potência comunicativa. Não só um estoque de palavras estabelecido, mas também capacidade de palavras novas, quantas forem necessárias para expressão de novas realidades. Isso já foi compreendido pelo pensador alemão Humboldt, quando distinguia, na língua, entre "érgon" e "enérgeia" (pense em oposições como trabalho/energia (criadora), produto/produtividade, ato/potência, etc.).

Nesta linha de convicções, é preciso distinguir rigorosamente entre léxico (vocabulário) atual e léxico potencial, palavras que são e palavras "por ser". A palavra nova que se cria estava prevista no sistema da língua. Também aqui, nada se tira do nada. Nada se inventa na língua que já não esteja nela (descontados, óbvio, os estrangeirismos — e mesmo estes só entram no sistema se assimiláveis).

Aliás, a distinção entre palavras velhas e palavras novas, na linguagem, me parece falsa. Cada ato de linguagem dá nascimento a palavras. Quando um falante faz uma frase, é como se as palavras fossem empregadas pela primeira vez. Criadas, recriadas, recém-nascidas, elas compõem um tecido novo, único, irrepetível.

Velhas são as palavras que jazem mortas nas folhas impressas — as pobres borboletas do Mario Quintana, espetadas na página. E ainda assim, também elas revivem a cada leitura, renascidas nos olhos e no coração de quem lê.

Artificial, sim, a discriminação entre palavra antiga e palavra nova. Novo, novíssimo é cada ato de linguagem e tudo o que o perfaz. Aliás, quantos falantes têm consciência de que alguma palavra seja nova, consciência de neologismo?

***

O mesmo danoso preconceito tradicional que leva a privilegiar a escrita em desfavor da fala — realidade primeira da linguagem — leva também a antepor o dicionário à potência vocabular dos falantes (e escreventes). De novo um mito: as palavras boas, corretas, estão nos dicionários. Só estas se podem empregar. Não está no dicionário, está errado. Totalmente equivocada essa maneira de pensar. A **potência lexical da língua** é que está a serviço dos falantes — a **potência geradora de palavras**. E tanto faz serem estas antigas ou novas, como escrevi atrás. E tanto faz e nada importa que as palavras estejam ou não engaioladas num dicionário.

Claro, é só pensar meio pensamento. Dicionário é feito depois das palavras, como a letra é depois da fala. E como seria se nenhum dicionarista houvesse para aprisionar palavras? E quando os dicionaristas esquecem das palavras, perdem verbetes? E como seria se não houvesse livros? E como acontece nas civilizações que não escrevem entre povos ágrafos?

Enfim, deixemos os usuários da língua exercitar sua capacidade de criar e recriar linguagem. Deixemos provar e comprovar a potencialidade lexical do sistema lingüístico. Nada criarão que já não esteja previsto. Deixemos. A língua não precisa, nunca precisou de defensores (ignorou aqueles que tais se arvoraram). Ela se defende por si — assimilando o normal e rejeitando o alheio ao seu sistema de regras.

Tolices morrem por si. Evolução — ninguém pára.

DERIVAÇÕES AO NATURAL: PALAVRAS EM POTÊNCIA, PREVISÍVEIS A língua dispõe de elementos de expansão lexical: prefixos e sufixos. Por meio deles, o léxico pode ser constantemente atualizado, ajustado a necessidades de comunicação.

Assim, o léxico é um conjunto aberto, de geratividade infinita. E olhem a palavra nova. Que é que eu ia fazer? Precisei dela. "Capacidade de gerar" — palavra para isso? Gerar no sentido matemático de "arrolar, enumerar, elencar" (existe, porque vocês sabem o que significa...). Pego no "Aurelião", e me desalento: nem a base de geratividade — gerativo. Aliás, nem a acepção matemática de gerar. Claro que deliro em esferas de pensamento lingüístico contemporâneo. Teoria gerativo-transformacional. Como poderia isso jazer num dicionário brasileiro de 1975, elaborado — claro — nos anos 1960? Mas que diabo tem isso? Afinal, léxico é léxico, ou dicionário? E língua — é livro, ou vida?

Geratividade "infinita", entenda-se "ilimitada". Não há limite, não chega nunca o dia em que se possa dizer "agora a língua está pronta", não é mais preciso nenhuma palavra nova.

Não. Sempre há lugar para mais um. Exemplo: lá um dia se precisou uma palavra para "tornar enfático, dar ênfase a, dizer com ênfase". Pois vejam a serventia do sufixo **-izar**, a sua geratividade ou força multiplicativa: ele comuta com alguns sufixos, entre eles **-ico** (antipático/antipatizar, sintético/sintetizar...). Então: enfático/enfatizar. Vocês dizem que é porque o inglês tinha "emphasize"? Mera coincidência. Aliás, o nosso verbo não é *enfasizar... Mas enfatizar não estava nos dicionários. E daí? Os dicionaristas futuros que cumprissem com sua tarefa de registradores.

Isso tudo são evidências tais que até me envergonho de as pôr no papel. Que vou fazer? É preciso. Ainda temos quem veja a língua como um estoque registrado, tombado, ladrado. De preferência bem empoeirado. Todas as palavras ali, comportadinhas, prostradas, embalsamadas, caras de múmia. Não: as palavras se mexem, correm, suam, berram, amam. E estão sempre procriando. Quando você menos pensa, tem uma aí vagindo à sua porta. Você vai enjeitar?

***

Nenhum sentido faz dizer que existe **agilitar**, mas não **agilitação**, PORQUE a primeira está no dicionário, mas não a segunda. **Agilitação** está previsto em **agilitar**, assim como **habilitação** em **habilitar**, **facilitação** em **facilitar**. E nenhum sentido faz afirmar que **posicionamento** "é palavra inexistente e não significa coisa alguma". No momento em que, com inteira correção morfológica, se tirou **posicionar** de **posição** (como **ambicionar** de **ambição**, ou **solucionar** de **solução**), lá estavam implícitos novos derivados: **posicionado**, **posicionável**, etc. e **posicionamento**. Tudo correto, previsível por regras e — vejam bem — SIGNIFICANDO o implicado na estrutura.

E não só isso: **posicionar/posicionamento**, através do prefixo -re, está aberto a **reposicionar/reposicionamento**, e com a significação que vocês mesmos, ao natural, atribuem. Por quê? Porque, além das palavras há muito em circulação, há palavras em potência, previsíveis pelas regras (gerativas) do português. Estas é que garantem que ninguém interpretará, por exemplo, **reposicionar** como **reposição** + -ar. Não é verdade? Nada na língua é arbitrário, nem a "invencionice" de palavras.

ADAPTAÇÃO AO NATURAL: SINCRONIA Vivemos inseridos num tempo e numa sociedade. E ao natural nos ajustamos: somos contemporâneos (coevos ainda se usa?) e coirmãos. É verdade que há graus de ajustamento e todos sabemos das neuroses que os desajustes fermentam.

Conhecemos as palavras que a comunidade usa, desde a comunidade menor da família até a comunidade maior da sociedade ou mesmo do país. E, hoje, do mundo, afinal os meios de comunicação de massa nos inserem na aldeia global.

Conhecemos as palavras novas, nem que seja para implicar com elas, para as enjeitar — as pobres recém-nascidas vagindo à nossa porta. Mas criticar é ainda um modo de afirmar a existência.

Quem nos ouve, sabe que somos contemporâneos, porque contemporâneas as nossas frases, contemporâneas as palavras que as estruturam. Contemporâneas as palavras, mesmo aquelas que já foram contemporâneas de Camões, ou mesmo de el-rei Dom Dinis, quem sabe de Virgílio (o seu poema não se abre com arma?). Velhas palavras sempre novas, renascidas a cada instante.

Da mesma forma quem nos lê. Quem nos lê, nos sabe contemporâneos. A não ser que usemos uma linguagem anacrônica. A lei de quem se exprime, falando ou escrevendo, é ser sincrônico. Sincronizamos/sintonizamos através da linguagem.

Quem me observou foi meu colega no Conselho Estadual de Cultura, amigo e mestre Guilhermino Cesar [poeta e ensaísta brasileiro]: mesmo aqueles que reprovam palavras e expressões novas, o fazem numa linguagem nova, uma linguagem que não seria entendida meio século atrás (será preciso tanto?). Pois é verdade. Sem se darem conta, os próprios críticos de neologismos usam uma linguagem neológica. E como seria de outra forma se precisam comunicar-se com contemporâneos? Natural, entretanto, que se policiem evitando as palavras novas que eles reprovam (enquanto isso, outras escapam pelo ladrão).

Meu colega e amigo dr. Paulo de Gouvêa [poeta, jornalista e membro da academia Rio-grandense de Letras] não vai desgostar que eu veja a sua linguagem como perfeitamente contemporânea, sincronizada, e por isso mesmo inovada em relação a cinqüenta anos atrás. Deixe colher algumas novidades no seu artigo: **a coragem de um kamikase; maré montante de asneiras; paquidérmico** (aplicado a uma palavra); **o abusão** (em outros tempos era feminino, e assim está no Aurélio); **dicionarizar; um sinônimo guasca; pisar no poncho de alguém; apelar para a ignorância** (bem recente); **jornal televisionado ou televisado; inversão de valores; virar abuso; dicionaristas avançadinhos; progressismo** (nem no Aurélio está); "**mater et magistra**"; **pessoas de maior representatividade; enfocar um ponto de vista; dar uma mãozinha**... E algum purista de 1930 talvez reprovasse os "ter que" e "com ou sem exéquias".

Isso de palavra nova é uma questão relativa — nova hoje, mas não amanhã. E uma fatalidade — de convivência, contemporaneidade, ajustamento, sincronia. E também isso de boa ou má, bonita ou feia uma palavra nova, também isso é relativo. Relativo a gostos e preferências. Posso eu não gostar, pode o leitor não gostar — mas, e os outros, nossos contemporâneos, que têm eles com isso? O estudioso de linguagem apenas observa e investiga que regras, que potencialidades da língua se observaram no dado novo.

TODOS FALAMOS ERRADO? Com a multiplicação das faculdades de Filosofia (Caixa-Pregos e Cacimbinhas já têm pós-graduação), a gente diria que as pessoas vão compreendendo melhor o que é linguagem, língua, gramática.

Nada disso! Continuamos com as mesmas, as mesmíssimas idéias estreitas, preconceituosas. Falar certo é falar como o livro. Obedecer rigorosamente às regrinhas escritas nas gramáticas, só usar palavra de dicionário, respeitar tudo o que se ensina na escola sobre o português. Nenhum pronome começando frase, nenhum **lhe** em lugar de **o**, todas as letras bem pronunciadinhas... Corrigir a fala dos filhinhos, endireitar o português torto das empregadas, e repetir sempre, em sons de sentido lamento, que, infelizmente, todo mundo fala errado. Que a boa linguagem não tem mais adeptos, que é preciso urgentemente defender o idioma, o pobre idioma cada vez mais vilipendiado, conspurcado, corroído de gírias e estrangeirismos.

Estou exagerando? Muito ao contrário. Vejam o que leio sobre um livro prático de Português. Muito modesto, o seu autor se apresenta como o legítimo salvador da linguagem, "paladino da tersa e escorreita vernaculidade".

"Interessado pela linguagem popular moderna", o homem pesquisou e... sabem o resultado? "Quatrocentos erros da língua." Vejam bem: não 399, nem 401. O número é redondo: "quatrocentos erros da língua". Como se vê, a língua não é um "número infinito de frases", mas um amontoado de ratas... Você abre a boca, e já está aprontando um erro.

"Interessar-se pela **linguagem popular**" e descobrir quatrocentos erros... O povo não se comunica: erra.

O autor, aliás, não propõe uma "fala correta em todos os momentos, em casa, com os amigos, em momentos de descontração". Ele apenas pretende "informar as pessoas sobre o correto e incorreto perante a língua"... Sim, pois "cometem-se erros por conveniência, pela própria estrutura da língua" (imaginem: a própria língua é uma estrutura errada)... Mas, que erros? "Televisão a cores", em vez do correto "televisão em cores". "Sopa esplêndida", pois este adjetivo significa "que irradia luz, que brilha": "pela lógica, trata-se de um absurdo", escreve o autor. "Muitos dizem o bólido, quando o correto [vejam bem: o "correto"...] é a bólide." Manda corrigir "coraçãozão" para "coraçaço"..., "que tal minhas jóias" para "que tais minhas jóias", "custei a acreditar" para "custou-me acreditar", "automóvel de segunda mão" para "carro em segunda mão". "Maestria"? Errado; o "correto" é "mestria". "Fazer um passeio?" Errado: "fazer um passeio é construir uma calçada". "Viva os campeões..." é errado, o correto é "vivam os campeões"... "Quanto mais pessoas"? Não: "quantas mais pessoas" é o correto... "O comércio abrirá"? Não: o certo é "o comércio abrirá as suas portas"... "Estreamo-nos", e não "estreamos". "Receber um presente", e não "ganhar um presente". "Estádio", e não "estágio de euforia"...

E por aí preconceitos afora...

Formado em Cacimbinhas?

Não: "professor de Língua Portuguesa pela Universidade de São Paulo".

Como se vê, já adiantamos muito em matéria de conceito de linguagem, língua e gramática!

POR QUE PARECE QUE O PORTUGUÊS ESTÁ EM CRISE? Primeiro: pouca familiaridade com os bons modelos. Uma boa linguagem assimila-se com o trato de bons modelos: pessoas bem-falantes, e escritores de expressão apurada. Uma e outra coisa estão caindo em desuso. Ainda existem pessoas "bem-falantes", ainda existe a preocupação com "falar bem"? Ou isso é "boco-moco"? Escritores de expressão apurada...? O academicismo é visto por muitos como traço negativo, defeito. O importante hoje, dizem, é ser direto, realista, simples, sincero. E nessa simplicidade/sinceridade vai muita mazela de carona... E quem se dá ao "luxo" de ler os clássicos da língua?... Segundo: a língua escrita hoje — desde o Modernismo (1922) — tende a aproximar-se mais e mais da língua falada. Procura-se diminuir o abismo entre escrita e fala. Muita coisa que se considera "erro" é simplesmente a transposição para a escrita do que se usa na fala. "Registrou-se casos de insolação" (vulgar) por "Registraram-se casos..." (sintaxe, exigente). "Haja visto" (fala) por "haja vista" (linguagem culta escrita tradicional). "Custamos acreditar" (fala vulgar) por "custa-nos acreditar" (sintaxe culta). "Tempo que ele dispõe" (vulgar) por "tempo de que ele dispõe" (culto exigente). Etc., etc.

***

Parece que o jornalista brasileiro tende a "popularizar" ou "democratizar" a escrita. Por que o jeitão brasileiro de falar não pode ser passado para a escrita? Não haverá também um modo brasileiro de escrever? Ou vamos dar força ao farisismo de brasileiros condenarem os brasileirismos?! Por exemplo, o "pronome solto entre dois verbos": precisamos **lhe** ajudar (contra: precisamos-**lhe** ajudar, ou precisamos ajudar-**lhe**); quer **nos** parecer (contra: quer-**nos** parecer, ou quer parecer-**nos**); etc. E os carioquismos, ou gauchismos, as gírias?

Então, muita coisa do que se tem como "erro" é simplesmente "oralização da escrita" (escrita imitando fala), "brasileirização" da escrita portuguesa. E nem todos aceitam ou compreendem isso.

***

Agora, há também erros simplesmente erros... Falta de domínio da escrita — vírgulas, ortografia, crase... E isso — tudo isso, tão elementar!... —, como se explica? Mau preparo profissional (antes, havia verdadeira — boa — escola secundária; hoje, há escolas de jornalismo — Faculdades de Comunicação!...), falta de estímulo/concorrência profissional, ausência de brio pessoal, aceitação generalizada do serviço defeituoso, da incompetência... Etcétera, etcétera... Os tempos não são de austeridade. Longe disso.

LINGUAGEM CORRENTE E ERROS Como "erros", se fatos da "linguagem corrente"? Nas duas expressões, uma flagrante contradição. Mas uma contradição muito vulgar e arraigada, herança de seculares preconceitos socioculturais fomentados indefinidamente por um gramaticalismo estático, reacionário, cego à realidade circunstante.

Escola e classes cultas só consideram boa linguagem o que está escrito. A fala — é o próprio império do erro. Falamos todos errado. Falar certo seria falar como livro. (De preferência com todas as vírgulas e acentos, crases incluídas...)

Está mais do que na hora de fazer distinção — real, efetiva, rigorosa, e não teórica — entre fala e escrita (e nesta ordem, pois fala-se antes de escrever, e fala-se muito mais do que se escreve).

Então: fala deve ser julgada como fala, escrita julgada como escrita. E, na fala, distinguir níveis — reflexo das classes sociais —, situações e ambientes ("registros" de fala), objetivos ou finalidades da comunicação.

Antes do que uma "correção" preestabelecida, o que se exige na linguagem é **adequação**. Linguagem ajustada aos comunicantes (fala e ouvinte(s)), à situação e às finalidades da comunicação. Por isso mesmo, antes de mais nada, não se pode falar como se escreve, nem escrever como se fala. E não se deve falar como professor (muito menos de Português...) num momento de descontração. Nem fazer discurso ou usar linguagem de conferência na hora de contar anedota. Ou pedir uma bebida atento a regras livrescas de pronomes (Dê-me uma Coca) (!).

Mas — que é que estou escrevendo! Tudo isso é perfeitamente dispensável, tudo óbvios que todos conhecem da prática diária. Todos, ao natural, ajustamos, tratamos de ajustar, a fala aos participantes e circunstâncias de cada comunicação. Procuramos sobretudo responder corretamente à expectativa daquele(s) que vai/vão receber o comunicado. Sabemos disto, subentendemos isto, e agimos constantemente de acordo.

Tudo óbvios. E no entanto, bem no fundo, parece que todos continuamos convencidos de que "todos falam errado", "ninguém observa as regras da gramática" — como se houvesse regras expressamente para estabelecer de quais e quantas maneiras se consegue falar errado...

Tudo óbvios. Mas, na hora de ensinar Português...

***

Erros baníveis ou aceitáveis? Em vez de mera reprodução, vão aqui frases classificadas com base na natureza dos fatos gramaticais envolvidos.

(1.1) Meninas, se vocês virem mais cedo...
(1.2) Se ele vir hoje, eu falarei (eu falo)...
(1.3) Nós viemos convidá-lo para a formatura.
(1.4) Quando eu ver vocês trabalhando...
(1.5) Se eu ver um anúncio, aviso vocês.
(1.6) Eu expludo de raiva.

(2.1) Maria, tu gostou do filme ontem?
(2.2) Tu disse que era tarde.

(3.1) Te contei uma história...
(3.2) Fazem três meses que não vejo-te.

(4.1) Mamãe pediu pra mim ficar.
(4.2) Não posso mais: todas as dificuldades são pra mim resolver.
(4.3) Tens um livro pra mim ler?

(5) Entre eu e tu não tem jeito mesmo.

(6.1) Maria, tu foi lá na Catarina?
(6.2) Sentei na mesa antes de servirem o almoço.

COMENTÁRIOS: Como observa o leitor, todas estas frases são de fato "linguagem corrente". Antes de mais nada, fala; depois, fala vulgar, informal. Então, tudo isso deve ser julgado como fala (não escrita) descontraída (não policiada). O erro do normativismo tradicional está em querer corrigir frases de conversa pelas regras do modelo escrito formal. Algo tão ingenuamente equivocado como o condenar roupas de dormir em favor dos trajes de gala. Linguagem de bate-papo não é sintaxe de decreto-lei, assim como pijama não é "smoking"... Cada coisa a seu tempo e seu lugar.

Aceita a evidência desse pressuposto, tentemos compreender por que essa linguagem corrente em vários postos se afasta do modelo culto formal.

1. **Conjugação verbal**. "Se vocês virem, se/quando eu ver" (1.1, 1.4, 1.5), em lugar de "se vocês vierem quando eu vir", representa um esforço para regularizar "futuro do subjuntivo" dos verbos **vir** e **ver**. Necessidade de clareza: "quando eu vir", "se nós virmos" parecem armações sobre "chegar" (verbo **vir**) e no entanto referem a "enxergar" (verbo **ver**). Da mesma forma o culto vir "chegamos" — por isso popularmente corrigido para "vimos" (1.3): antes confundir presente com passado do **vir** com **ver** (nós vimos é nós "enxergamos"). A regularização, no entanto, não se estende a viesse/visse (aqui, tudo). Prova, mais uma vez, de que nos "erros", quando insistentes, sistemáticos, subjazem regras (há uma "gramática de erros").

Expludo (1.6), expluda, etc. é tão aceitável como gulo, engula, etc. — mudança do -**o**- (engolir, explodir) por -**u**- na 1ª pess. sing. do indic. pres. e formas de derivação (subj. pres.). Que importa que gramática e dicionários registrem a falta ("defectividade") dessas formas? Estão em seu papel preguiçoso de se copiarem uns aos outros, desatentos aos usos e potencialidades da língua.

2. **Linguagem gaúcha**. As frases (2.1) e (2.2) — "[...] tu gostou do filme [...]?" e "Tu disse que..." — documentam um fato bem conhecido dos gaúchos: o emprego de formas verbais de 3ª pessoa com o pronome **tu**. Ou seja, a falta de concordância com esse pronome: tu fala, tu entende, tu andava, talvez tu note, etc.

"Erro"? Não: uso regional vulgar, familiar. Gente culta, em situações formais, talvez evitasse, mas... **tu** não é a negação da situação formal? Vejam a "lógica" da linguagem. Que adiantaria ser familiar, intimista, usando **tu**, e estragar tudo com trazes, puseste, faze e dize (!), não digas, não ponhas... hem?

E notar mais uma vez as regras no "erro": é possível "tu gostou" ao lado de "tu gostaste", mas não "*você gostaste" ao lado de "você gostou". Nada em linguagem é arbitrário, sem regras. Também os "erros" sistemáticos são regidos por uma "gramática".

3. **Colocação dos pronomes**. Pronome oblíquo pode começar frase? Claro que pode, na fala brasileira. "Te contei uma história..." é inteiramente normal

entre nós. Não passou certa vez uma novela chamada *Te Contei?*. Graças a Deus, está praticamente curada a "pronominopsicose brasileira". Mas de vez em quando algum professor de Português caturra reincide: manda corrigir usos de fala informal segundo regras do modelo culto policiado... O próprio uso do tratamento **tu** não está caracterizando "te contei?", "te agüenta" como informal, íntimo? Como então corrigir para "contei-te?", "agüenta-te"?!

Em "Fazem meses que não vejo-te" soa mal a colocação do pronome. Aliás, duvido que alguém fale assim. O que se ouve é "que não te vejo", "que não lhe vejo". Também aquele: "fazem meses", em lugar de "faz meses", é da sintaxe vulgar: toma-se "meses" como sujeito. No modelo culto se considera falho.

4. **Pra mim ficar**. Já escrevi mais de uma vez sobre o uso de **mim** e **ti** em lugar de **eu** e **tu** sujeitos de infinitivo. É freqüentíssimo na fala brasileira. Fala vulgar, talvez inculta? Não: vocês podem ouvir mesmo pessoas cultas falando assim. Nem se dão conta. Um fato lingüístico que talvez não tenha volta. "Para eu ficar", e sobretudo "para tu ficares" já soa até pedante.

E, como todos os outros "erros" que vingam, tem sua explicação lingüística — como várias vezes já demonstrei.

5. **Entre eu e tu**. A gramática culta formal exige "entre mim e ti", "entre você e mim", "entre ela e ti". E justifica: pronomes sob domínio de preposição. Visão superficial: por que é possível "entre eu e tu", e nunca "*para eu e tu", "*de eu e tu"...? Como sempre, todo erro que se repete deve ter, e tem, explicação. Em "entre eu e tu" não há o domínio ("regime") da preposição, e sim o conjunto [eu e tu]: é possível "para mim e para ti", mas não "*entre mim e entre ti".

6. **Preposições "em" e "a, para"**. "Ir no cinema", "sentar na mesa" são usos brasileiros em lugar de "ir ao cinema", "sentar à mesa". Brasileiro não se dá bem com a preposição **a** — pouco corpo, comunica mal, confunde. Substitui-se por **para** ("voltar pra casa"), e por **em** (só se diz "chegar em casa", nunca "a casa"), etc.

* * *

Preciso insistir no realismo lingüístico. Na necessidade de encarar os fatos idiomáticos na sua realidade. Língua não é fantasia. É realidade viva. Instrumento cotidiano de comunicação.

Infelizmente os livros sobre ela (gramáticas, dicionários, manuais) e a escola teimam em ignorar o real ou falseá-lo. Para eles, a língua "é" o que ou como deveria ser. Então, montões de regras (arbitrárias, com as infalíveis exceções), espetáculos reacionários e o resto. Nada daquilo que deveria ser: trato lúcido e carinhoso com o nosso instrumento de "locomoção" espiritual.

O que ensina a lucidez no trato com a língua? Que ela é uma realidade cambiante e cambiável. "Unidade na variedade", sempre em busca de soluções melhores: maior simplicidade e economia, maior coerência e sistematicidade, maior expressividade e clareza.

Realidade cambiante, porque retrato da vida: camadas sociais resultam em camadas lingüísticas; permissividade social, moral, dá em permissividade de linguagem; democracia, tolerância, acesso universal à cultura, massificação do ensino dá em democratização, popularização da língua. Um bem? Um mal? Sei lá. Realidades. Em todo o caso, ainda prefiro língua com sabor e odor de povo, a língua com cheiro de naftalina ou perfume estrangeiro.

E o carinho no trato da língua? É o estudo de suas potencialidades. O convívio freqüente com as suas formas mais elaboradas — os textos daqueles que a manuseiam com inteligência e arte. A fruição repetida de livros ricos em pensamento e beleza, de obras científicas e literárias. Carinho no trato da língua? O amor ao patrimônio idiomático, o respeito por aquilo que se chama o "gênio da língua". E o esmero infatigável no falar e no escrever, perseguindo sempre a mais fiel expressão do pensar e do sentir com as palavras mais exatas.

Realismo lingüístico. Pés no chão. Procurar o mais e o melhor, sim, mas partindo do que se tem. Recriminar o povo porque fala "errado", desprezá-lo (talvez inconscientemente) é a melhor maneira de nunca chegar a ele e, portanto, de não elevá-lo jamais.

Melhoria lingüística só com um pré-requisito: melhoria sócio-econômico-cultural. O belo português que ensinam as nossas escolas não pega? Nem pode pegar. Irrealista, desvinculado da realidade. Ou alguém pensa possível a falantes incultos falar uma língua culta escrita? Possível a subnutridos a convivência com idéias bem nutridas?

***

O "dever de falar corretamente"... Falar corretamente é falar dentro da expectativa da comunidade lingüística. E se esta for desleixada, ignorante, inculta?

"Impor formas certas de usar a língua materna"... Mas, afinal, o que está em jogo, na comunicação — partilha de idéias e sentimentos, sábia convivência, ou ditadura, inquisição?

Impor formas corretas, certas? Não. Melhorar o nível de vida, difundir cultura, semear idéias certas, ensinar a pensar corretamente. A boa linguagem é conseqüência. A "boa" linguagem. "Correto" é preconceito.

***

"O povo faz a língua?" O povo não se ocupa de ditar leis gramaticais ou estilísticas. Ele fala observando leis e regras naturais, fala porque vive, e fala como vive. Vive a gramática, a sua; nada tem que ver com interpretar ou disciplinar fatos da sua linguagem. E quando digo povo, penso o povo inteiro — o inculto (maioria), o meio culto e o culto.

A escola, sim, é natural que se (pre)ocupe com a consciência e a reflexão dos fatos de língua. E voltada para o modelo ideal, sobretudo aquele da escrita — infelizmente quase sempre até à agressividade com as outras variantes idiomáticas —, também é natural que tenda a multiplicar regras e regrinhas de bem escrever e falar (assim como se escreve!). Regras predominantemente induzidas de textos literários dos séculos passados, e de... Portugal. Regras que, estaticamente, passam de gramáticas para gramáticas — sem nenhuma atenção à gramática viva (gramática natural), vigente na linguagem atual do país. Passam os alunos anos e anos aprendendo regr(inh)as para redigir textos, que nunca escreverão...

E, no entanto, o papel de gramáticos e mestres é expor e explicar os fatos da linguagem. Os fatos, os verdadeiros fatos contemporâneos, os fatos da língua aqui e agora (e os fatos do passado, na interpretação de textos antigos).

Se o brasileiro desconhece as formas da segunda pessoa do plural — e o professor deve saber disso da própria fala das pessoas cultas —, ele não pode ensinar aos alunos que **tu** + outra(s) pessoa(s) (que não **eu**) corresponde a **vós**, exigindo formas verbais em **-des** e **-is**. Informará que isso se dava em outros tempos, mas que hoje equivale à terceira pessoa do plural, formas verbais em nasal, escrito **-m** (às vezes **-ão**).

Certo está meu xará Celso Cunha, na sua *Gramática da língua portuguesa* (1972), registrando o fato:

"Na linguagem corrente do Brasil evitam-se as formas do sujeito composto que levam o verbo à 2ª pessoa do plural, em virtude do desuso do tratamento vós e, também, da substituição do tratamento tu por você, na maior parte do território nacional. Em lugar da 2ª pessoa do plural, encontramos, vez por outra, o verbo na 3ª pessoa do plural, quando um dos sujeitos é da 2ª pessoa do singular (tu) e os demais da 3ª pessoa.

'A propósito de Graça continuo a achar que tu e o Couto não tiveram razão em não homenagear o homem' (Mário de Andrade, *Cartas de Mário de Andrade a Manuel Bandeira*, Rio, Simões. 1958, p. 61.)
'Tu e Beata devem ir preparar-se, pois temos gente para o jantar...' (Afrânio Peixoto, *Romances completos*, Aguilar, 1962, p. 673.)"

Tudo é relativo — não é assim que se diz? Pois tudo é muito relativo mesmo, também na linguagem: doutor fala como doutor; analfabeto fala como analfabeto. A linguagem de cada um é o seu mais perfeito "cartão de identidade".

O ideal seria que todos pudessem falar como doutor. Mas, para isso, seria preciso que todos pudessem viver como doutores.

A língua está a serviço da vida. E como língua bonita onde a vida é feia? E como língua rica onde a vida é pobre?

Linguagem certa, como, onde a vida é errada?

Uma resposta adequada a essas incômodas perguntas implica sérios programas de política educacional e social. E a linguagem, aí, representa um aspecto muito superficial.

A língua é o retrato de outras realidades.

Relatividade da linguagem: devemos pensar na diversificação dos sistemas gramaticais. Toda língua apresenta variantes, é "unidade na variedade".

Nenhuma comunicação é possível sem "gramática" — entendida esta como sistema de regras para usar os sinais de um código.

Doutor, para falar como doutor, deve observar um conjunto de regras. E não diferentemente o analfabeto: só pode falar, observando regras.

Se o analfabeto falasse "Vô meus lavá pé", não seria entendido; estaria errando contra a sua gramática. Da mesma forma se dissesse: "Vô lava meu pés" (marcando o plural no substantivo em vez de marcá-lo no determinante).

"Vô lavá meus pé" (ou, antes, os pé) é "certo", isto é, "gramatical", se levarmos em conta a "gramática" de certo nível (no caso: popular, inculto). Mas diremos que é "errado", isto é, "ingramatical", se o ponto de referência for a gramática culta.

Tudo é uma questão de ponto de vista. Certo, o normal é avaliar a linguagem pela norma culta — e isso por motivos óbvios. Mas deixem-me repetir: nenhuma comunicação é possível sem "gramática".

Quanto a "expressões em desacordo com as regras gramaticais [cultas] consagradas pelo uso"... As línguas românicas estão aí para comprovar a consagração de tudo quanto era "erro" contra a gramática latina... culta. Aliás, toda língua é um amplo conjunto de "erros" consagrados.

Isso não deve assustar, nem envergonhar. É só não confundir "evolução" com "corrupção", nem "transformação" com "deformação". Mas... quanta gente boa continua com essas idéias confusas, preconceituosas, sobre linguagem...

***

E a ortografia? Convém repetir, pois o povo faz a língua (e é bom especificar: a língua popular; o povo é lingüisticamente soberano, autodeterminado no seu nível), mas o povo não faz a escrita, muito menos a escrita correta — ortografia.

Por isto, não faz qualquer sentido invocar a lei do uso (popular) para a escrita. E muito menos sentido faz invocar grafias antigas, anteriores à disciplina ortográfica, ou grafias de escreventes (escrivães, tabeliães, autoridades administrativas, etc.) desinformadas ortograficamente.

Ortografia, entre nós, é competência da Academia de Letras; em Portugal, da Academia de Ciências (Lisboa) — as duas entidades, teoricamente, preceituando em conjunto através de acordos interacadêmicos. Nem todos parecem informados disso, pois alguns, em discussões ortográficas, chegam a invocar a autoridade de prefeituras municipais. Do interior. Imaginemos uma ortografia da língua portuguesa — de toda a respectiva comunidade cultural, internacional — sujeita às arbitrariedades de escreventes semiletrados.

Esperemos, pois, pelo Vocabulário Ortográfico de Nomes Próprios da Academia de Letras. E já saberemos se haverá a coerência "laje" — Lajes e o respeito à estrutura mórfica — laj- + -i- + -ano.

***

"Li num artigo seu este final: 'A Gramática não manda nada'. É comum escreverem [e falarem, então... — CPL]: 'Não aconteceu nada'. 'Fulano não é de nada'. Qual é o certo? 'Nada manda'? 'Nada aconteceu'? 'É de nada'? (Oswaldo Michelseu, Galeria Rosário, PA).

Sei. É aquela dúvida sobre a dupla negação. Línguas há em que negar duas vezes é o mesmo que afirmar. Como: não + encontrei + ninguém = encontrei + não ninguém = encontrei + alguém.

Não assim o português. Pode negar até mais de duas vezes na mesma oração, o que será uma negação enfática, e não afirmação. "Não vi nunca jamais em tempo nenhum..."

Portanto, entre "a Gramática nada manda" e "a Gramática não manda nada" não vai diferença de sentido (semântica), mas apenas de estilo (estilística). Diferença na forma, não na idéia; na estrutura superficial, e não na estrutura profunda: "a Gramática não manda nada" tem uma transformação (facultativa — estilística) a mais.

Agora, notem certa preferência moderna pela dupla negativa. "A Gramática é de nada" e "Aconteceu nada" são construções possíveis, mas já não "entram" muito bem. Essas frases começam com jeito positivo. Daí a antecipação do elemento negativo: "nada manda", "nada aconteceu" — como o amigo construiu.

"Mais esta: 'Aceita um cafezinho?', 'Não aceita um cafezinho?'. No primeiro caso, respondendo 'sim', aceitou. E, no segundo caso, querendo aceitar, deve responder 'sim' ou 'não'? A resposta para estes dois casos será: Na linguagem que o povo usa a gramática 'NADA MANDA'?" (idem).

Olhe, uma estatística talvez nos mostrasse que a resposta mais comum seria: "Aceito". E também ocorreria (bastante): "Pois não" — onde o **não** = **sim** é ótimo para atrapalhar a Gramática (não a gramática...) e os gramáticos...

Em "Não aceita um cafezinho?" o **não** não é partícula negativa, mas equivale a "por acaso, porventura, será que" — partícula interrogativa de ênfase. Agora, o sujeito respondendo "Não", talvez se devolvesse uma segunda pergunta: "Não [num tom mais elevado] aceita?", — onde o **não**, sim, é a partícula negativa.

E tudo isso é a "gramática". Aquela que os falantes naturalmente observam para se comunicarem. O conjunto das regras do código lingüístico oral. Que não tem nada a ver com um possível tratado escrito, a não ser que este deve ser a fiel transcrição daquele... O que acontece é que os códigos escritos, normalmente e por motivos óbvios, só aceitam — e impõem — as regras da variante culta, e mais, as da variante culta escrita, e mais, da variante escrita literária.

É aqui que encaixa o conceito moderno (mas eterno!) que tanto escandaliza os arraigados ao pensamento tradicional — de preconceitos feito —, ou aqueles que não conseguem ler direito: "na linguagem do povo, a Gramática não manda nada" ou "na fala (na linguagem oral), a Gramática não manda nada".

Pensem só um pouquinho, é um truísmo, um "óbvio que ulula", a perder de ouvido. De um lado, a fala do povo (e aqui por "povo" entendo todos os integrantes de uma comunidade lingüística), de outro a Gramática (com G maiúsculo, isto é, nome de ciência, disciplina, livro). Como foi (ou é) com todos aqueles povos que não tinham (ou não têm) língua escrita, e portanto não tinham (ou não têm) Gramática (com inicial maiúscula...)? Ah!, todos tinham gramática (com inicial minúscula...), regras convencionadas permitindo a comunicação. Estas é que são "naturalmente" e "forçosamente" observadas, sob pena de falhar a comunicação.

Portanto, na linguagem oral, a Gramática (escrita, disciplina, livro) não manda nada. Manda, mas é a gramática — conjunto natural, socialmente convencionado, de regras observadas pela maioria dos falantes.

O assunto é naturalmente complexo, por causa dos diversos padrões e níveis de qualquer língua natural, que implicam variados níveis e padrões gramaticais. A briga maior, e a mais conhecida, é que se observa entre a modalidade oral e a escrita — esta, por força de seu prestígio cultural-literário, querendo comandar aquela. Vitória só possível, me parece, no dia em que o papel morto vencer a vida.

É bem conhecida de todos a reação negativa, quando não aversão declarada, a aulas de Gramática, em alunos de primeiro e segundo graus. E não importa a linha teórica adotada: tanto faz ser Gramática tradicional como moderna — estrutural, transformacional ou outra —, os resultados são sempre constrangedoramente medíocres.

Culpar métodos didáticos ou professores seria simplista e incorreto, porquanto profissionais competentes, de longo tirocínio e metodologia atualizada, também se vêem punidos com frutos desproporcionais à sua dedicação.

Mesmo alunos de ótimo aproveitamento nas demais disciplinas podem decepcionar em avaliações de Português tomadas de exercícios ou testes de teoria gramatical.

E mais, pormenor significativo que a experiência profissional me ensinou: alunos com vocação literária, futuros escritores, são normalmente os mais avessos a aulas de teoria gramatical. Parece que têm um tesouro maior a preservar.

Aparentemente dá-se um bloqueio psicológico nos jovens em relação ao ensino e aprendizagem da Gramática. Eles reagem como se soubessem, de instinto, que é preciso defender-se, heroicamente se necessário, de um inimigo não conhecido, mas muito perigoso.

Tão generalizada quanto espontânea aversão obrigada a ir às modernas ciências da linguagem indagar pelas possíveis causas desse fenômeno de rejeição. O nosso estudo "Gramática e Pedagogia" é uma tentativa de reflexão sobre esse crucial problema pedagógico-didático, realizada às luzes principalmente da lingüística gerativo-transformacional.

Ensina o fundador dessa teoria, Noam Chomsky, que toda criança normal elabora uma teoria lingüística, intuitiva e inconsciente, da língua a cujos fatos é exposta. Apoiada num mecanismo inato, sujeito à maturação biológica e psíquica, ela vai apreendendo, mediante hipóteses e verificações, o sistema de regras que geram e interpretam as frases da língua. Em outros termos: **a criança interioriza a gramática da língua materna**. Por volta dos seis anos de idade está completo o essencial dessa interiorização.

Trata-se da **gramática implícita, intuitiva**, que a criança passa a compartilhar com os membros da comunidade a que pertence. Com essa gramática vai ela então à escola, e surge o impasse. Por força de programas e idéias ingênuas (infelizmente comuns ainda hoje), os professores sentem-se no dever de "ensinar" a língua (a língua materna aos falantes nativos!). E isso basicamente com aulas gramaticais. Um mau ensino de Português para estrangeiros (com licença do professor Heinrich Bunse, que faz a observação)...

De duas, uma: ou essa teoria explícita repete a implícita, e então é uma redundância aborrecida, tempo malbaratado, ou essa Gramática, artificial, conflita com a verdadeira gramática, natural — e é o inevitável, dada a complexidade desta, como provam as mais avançadas teorias gramaticais, constantemente reformuladas —, e então os frutos são perniciosos, abalando no aluno a segurança nativa e inibindo-lhe a criatividade lingüística.

Mais sensato é **eliminar toda teoria gramatical** — "o estupidíssimo costume de ensinar gramática às crianças" (Herbert Spencer) — **para, apoiado na gramática intuitiva do aluno, fazer desabrochar plenamente seus poderes de linguagem**, inclusive elevando e reforçando seu domínio intuitivo da gramática genuína da língua.

Com base nessas idéias, de educação para a autenticidade e a liberdade, de uma Pedagogia de libertação, o diametralmente oposto da tradicional Gramática purista e opressora, em que consistiria o ensino da língua materna? O trabalho "Gramática e Pedagogia" procura responder à pergunta e desenhar o perfil de um ensino de língua materna fundado nos conhecimentos atuais do que é linguagem, língua e criatividade lingüística.

O PROFESSOR DE PORTUGUÊS

"Quem é professor de português?"

"Professor de português?!", contestam vocês devolvendo com ênfase a pergunta. "Ora, ora... professor de português é o professor de português!"

Pois eu direi que uma tautologia tão óbvia é um dos responsáveis pelo descalabro da linguagem dos nossos estudantes.

Professor de português? **Professor de português é todo e qualquer professor. Quem ensina em língua portuguesa — não importa qual seja a matéria — é professor de português.**

Certo. Sei o que vocês estão pensando. Sem dúvida: o ensino específico, as explicações gramaticais, ortografia — isso compete especificamente ao professor de Português. Agora, a linguagem como comunicação de conteúdos, a ampliação do léxico, a expressão clara e eficiente, derivada de um correto pensar, a propriedade vocabular, o respeito das normas do idioma culto, a limpeza e a nobreza do fraseado — tudo isso, que aliás é o mais importante, tudo isso compete a todos os professores.

Professor de Matemática, professor de História, professor de Ciências Sociais, professor de Geografia, professor de Química, professor de Biologia, professor de Física, professor de... (ponha aqui as matérias possíveis e imagináveis) — todos são professores de língua portuguesa.

Todos os professores são co-responsáveis pela linguagem, pelo português de seus alunos. Não só pelo óbvio de ser o mestre um modelo para o discípulo, mas porque **devem exercitar os alunos na linguagem específica da matéria**. Todos os professores devem exigir trabalhos escritos dos alunos, orientando-os e aprimorando-os no domínio da linguagem especializada. Dominar uma disciplina ou ciência é dominar a linguagem respectiva. Saber Matemática é saber pensar, falar e escrever em termos matemáticos. Saber Química é dominar a linguagem química. E assim por diante. Tudo isso é questão de linguagem. No Brasil (e em Portugal), questão de português.

***

Agora, entre nós, nas nossas escolas, **todos cuidam de ser professores de português**? Todos estão empenhados — profissionalmente empenhados — no aprimoramento do português dos alunos? Zelam todos pela ampliação do vocabulário (imprescindível à ampliação de conhecimentos), pelo fraseado claro e correto, pela elevação do nível de linguagem (imprescindível à elevação cultural), pela coerência e lógica dos enunciados orais ou escritos? Enfim: estão, todos os professores, empenhados na constante melhoria da linguagem portuguesa de seus alunos?

Meus caros professores, não se queixem tão facilmente dos ou aos seus colegas professores de Português. Ortografia, pontuação, gramática — isso vocês podem tranqüilamente exigir deles. Mas não se esqueçam nunca: **no mais importante, no essencial da linguagem dos estudantes, todos e cada um dos professores estão visceralmente comprometidos.**

Nossas escolas estão no nível da linguagem dos estudantes que elas formam.

O papel do professor de Português no primeiro e no segundo grau parece muito claro: levar os alunos a dominar cada vez melhor seu instrumento de expressão. Aperfeiçoar a sua fala e a sua escrita pelo domínio prático, cada vez mais seguro, da língua portuguesa.

Enfim, perdoem-me o óbvio: **o professor de Português deve ensinar português?**

***

Ensinar português? Educar, reeducar e apurar o sentimento idiomático do estudante, partindo de sua intuição em face de textos orais e escritos. Ensinar a interpretar exaustivamente o que ouve e o que lê.

Ensinar português? É ensinar a exprimir-se clara e eficientemente a partir de um pensamento claro e convicto. Ensinar a pôr ordem nas idéias, a raciocinar, induzir e deduzir, argumentar, objetar, sintetizar e concluir. E pôr no papel, preto no branco, o que se pensou.

Ensinar português? Exercitar a expressão múltipla de um mesmo pensamento ou sentimento — dizer/escrever a mesma coisa de três, cinco, ou até dez maneiras diferentes.

Ensinar português? Ensinar a lidar com as palavras, com a sua significação e a sua forma exata. Ensinar a construção adequada, a regência e os processos sintáticos, o equilíbrio e a harmonia do fraseado.

Ensinar português? Ensinar o necessário e indispensável: a concordância, a flexão dos verbos e dos nomes (verbos irregulares, palavras compostas). E exercitar constantemente o domínio da língua escrita: a pontuação, os acentos, a crase...

***

Ensinar português... Bem, todos nós sabemos, ainda que de maneira obscura, o que seja ensinar uma língua, sobretudo a da comunicação diária.

Agora, na prática... O que é que andamos ensinando?
Permitam-me transcrever um alerta lançado aqui, no "Correio do Leitor":

"Li, numa dessas colunas de consulta sobre problemas de Português, o apelo dramático de uma menina. Solicitava ao responsável pela seção, que lhe indicasse, com urgência, para conduzir um trabalho, os coletivos de revistas, rãs, atletas, pães, pilhas elétricas e tripas. O professor encarregado da coluna, certamente consultando velhos alfarrábios [...], forneceu, com a maior naturalidade deste mundo, os exóticos e inacreditáveis coletivos solicitados, inclusive o de tripas: 'maranho'. De tudo, o que mais me chamou a atenção foi perceber, pelo endereço da consulente, que esse 'trabalho de pesquisa' foi pedido à aluna por um professor de Português de Porto Alegre. Depois dessa, sou forçado a admitir que estamos realmente perdidos. Sinceramente, não queria acreditar que em Porto Alegre ainda houvesse professor de Português pedindo 'pesquisas' desse tipo a seus alunos. Que valia lhes pode ter na vida, o decorar hoje essas coisas para esquecê-las amanhã?" (L. V. S.).

Pois é. Há gente convicta de que, ensinar "maranho" é ensinar português... Até quando?!

***

"Por volta dos seis ou sete anos, a criança fala correntemente na sua língua. Domina portanto, no essencial, a respectiva gramática. **Gramática** — o conjunto ou sistema de regras segundo as quais se constroem as frases de uma língua. Depois, a criança vai à escola, e ali se começa a ensinar-lhe a **gramática** da língua materna. Não vai contradição nisso? Há erro na atitude da escola? Ou, então, qual é exatamente o papel desta em relação à **gramática** do idioma nacional? Como tem feito o professor tradicional, e o que e como deve fazer o mestre moderno?"

Como os professores não se pronunciaram, entende-se que todos sabem perfeitamente o que e como fazer. Em todo o caso, vai aqui a minha resposta, a título de colaboração: **o papel do professor de língua materna, segundo a orientação gerativo-transformacional**:

1. Apelar à intuição idiomática do aluno, e dela partir para qualquer consideração "gramatical". (É preciso estar sempre lembrando de que o aluno já "sabe" a "gramática" da língua materna, no essencial. "Sabe" o que é "gramatical", aceitável no seu idioma, e o que não é.)

2. Apurar essa intuição, dar ao aluno uma consciência idiomática delicada, sensível às variantes (regionais, sociais, etárias, situacionais).

3. Descrever a variante idiomática culta padrão, objetivamente, sem preconceitos (normativos, subjetivos ou outros quaisquer).

4. Dar ao aluno uma visão realista da língua — vital, não livresca: a língua é o que é, é como é, e não o que os livros dizem que é, ou o que a gente gostaria que fosse.

5. Ensinar o aluno a fazer nítida distinção entre fala e escrita, e lembrar-lhe que a verdadeira língua é vocal e que a escrita é sempre posterior, floração de certo estágio cultural.

6. Habituar o aluno e educá-lo para emitir juízos de "gramaticalidade" e de valor expressivo: o que é gramatical e o que é expressivo (o menos gramatical pode ser mais expressivo). Isto é, além da Gramática, praticar também (e sempre) a Estilística.

7. Incrementar a leitura (textos modelares), para aquisição dos padrões idiomáticos mais elevados, domínio da língua escrita, e sensibilidade de expressão artística.

8. Dar ao estudante esta convicção: a melhor fórmula para vir a dominar a língua é ler, ler e ler + escrever, escrever e escrever.

***

"Intrigados com a expressão 'haja visto', empregada num discurso pelo ministro da Saúde [...], centenas de cearenses entupiram as linhas telefônicas do 'Plantão Gramatical' — um serviço de utilidade pública criado pela Fundação Educacional de Fortaleza [...]. O ministro errou no português, decidiram imediatamente os especialistas do plantão. [...]"

Esdrúxula notícia que topo num velho número da revista *Veja*.

Quando os brasileiros hoje, ao natural, falamos "haja vist**o**", é lícito esperar que um ministro busque ser original, esnobando com um "haja vist**a**"? Ou os ministros, antes de abrir a boca, devem telefonar para os plantões gramaticais provincianos, do Chuí ao Oiapoque, a fim de acertar no português?

Se linguagem é uso verbal, se "o uso é a norma e o direito de falar" (Horácio), quem "errou no português" foi o tal plantão gramatical.

"Serviço de utilidade pública" — só por ironia. Inutilidade, desserviço. Pior: plantão policial num território de liberdade como é o da linguagem.

E, no entanto, até é possível conceber um "plantão de linguagem", sim, serviço de utilidade pública. Serviço de informações e explicações — nunca um tribunal de certo/errado. Serviço de educação da linguagem, mostrando o caráter variável da língua, esclarecendo diferenças de época, região, nível cultural, situação social, expressividade, etc. Serviço informativo-explicativo, proibida toda atitude impositiva, normativa.

Por exemplo? Não "decidir imediatamente" que "pisar na grama" é errado, que o certo é "pisar a grama". Não. Informar, sim, a diferença entre sintaxe originária e sintaxe inovada, o porquê da inovação e o papel da semântica no fato.

Não "decidir" que o certo é **pegado**, que **pego** é erro. Informar, sim, que **pego** é variante popular e familiar de **pegado**, ao modelo de **ganho/ganhado**, **gasto/gastado** e sobretudo de **pago/pagado**.

Não "decidir" que "o verbo **ir** deve ["dever"...] ser usado com a preposição **a**", mas fazer notar a variabilidade **a**:: em (fui no cinema, foram ao cinema), diferenças de nível, de tom, fala e escrita.

Etc. Etc.

As pessoas precisam ser informadas e esclarecidas, e não cabresteadas.

Assim na questão-título desta matéria. Nada de "decidir" que "haja visto" é errado. O especialista em Língua Portuguesa deve estar habilitado a INFORMAR que a locução começou como "haja vista", mas se tornou "haja visto" no português brasileiro falado. A informação é problema de pesquisa, observação e estatística dos fatos. Em seguida, o especialista procurará EXPLICAR por que "haja vista" se transforma em "haja visto". Para isto deverá ter preparo filológico e lingüístico. Saber, por exemplo, o que é esvaziamento semântico ou desmotivação de um signo lingüístico, o que é remotivação ou reanálise, metanálise, o papel da analogia, etc. No caso, influência do particípio "visto", da locução "visto que" e de "visto" ocorrendo como preposição.

Convenhamos que isto é bem menos cômodo do que "decidir imediatamente" o que é errado...

***

Frases de uma comunicação de entidade do magistério paranaense:

(1) Os professores [...] não comparecerão às escolas [...].
(2) Os professores estaremos reunidos [...].

Na segunda frase, "não deveria estar escrito: os professores estarão..., como no período anterior: os professores comparecerão...?" — pergunta o meu leitor Raulino Bogo, de São Lourenço d'Oeste (SC).

Há as duas possibilidades: a) os professores comparecerão... estarão // b) os professores compareceremos... estaremos. Mas, como é natural, formas diferentes expressam conteúdos também diferentes: a) os professores = eles = 3ª pessoa // b) os professores = nós = 1ª pessoa. A forma em **-mos** informa o leitor de que a comunicação partiu dos próprios professores. Informação na verdade redundante, em vista do cabeçalho do papel: ASSOCIAÇÃO DO PESSOAL DO MAGISTÉRIO... Trata-se porém de linguagem expressiva: com as formas em **-mos**, os professores se empenham pessoalmente no recado.

***

Não consta em parte nenhuma que a Nomenclatura Gramatical Brasileira seja um documento perfeito, infalível artigo de fé. Tentativa oportuna e prestimosa, simplificou um cipoal de nomes e deu aos professores um ponto de apoio em meio a confusões doutrinárias individuais e invenções classificatórias.

Mas a nomenclatura oficial jamais foi pensada como um convite a preguiça mental, como o cerceamento da pesquisa em busca de mais verdades. As melhores gramáticas pós-Nomenclatura já fizeram suas restrições, emendas e acréscimos. Com as correções e adendos dos gramáticos mais inteligentes e lingüisticamente informados se beneficiaria a nossa Nomenclatura em futura reformulação.

A disciplina não é um fim. É um meio para conseguir o melhor, com menos desgaste psicológico. Ficar, disciplinadamente, marcando passo, quando se poderia avançar, é pouco inteligente. Eu prefiro avançar, mesmo contra o apito de guardas sonolentos.

Os alunos, por sua vez, só se perturbam se foram educados para o servilismo e a repetição maquinal do que precisam apenas para sabatinas e exames. O aluno crítico, exigente, é o primeiro a não concordar com tanta coisa da Nomenclatura.

O que importa na aula de Português não é ensinar nomes e exigir nomenclaturas, oficiais ou outras. Há professores cujo ensino gramatical se restringe a jogar com classificações e termos. "Isto é X, aquilo é Y." "Isto não é um A, é um B." E vêm as infindáveis discussões e explicações (?) em torno de adjunto e complemento, predicado nominal, verbal e verbo-nominal, entre concreto e abstrato, etc. Para quê?

O que importa, no ensino do Português, é habilitar os estudantes a manusear o seu idioma com mais eficiência. Capacitá-los a falar e a escrever melhor. A vencer na vida por meio da palavra. E isto simplifica ensiná-los a ler, a refletir, comparar, imaginar, arrazoar, argumentar — falando ou escrevendo —, jogar com as palavras, aprender a pesá-las, cotejá-las, substituí-las, aprender a escolher as mais adequadas e eficientes.

São, pois, de primeira importância as **aulas** de língua-comunicação, através da recepção e interpretação de mensagens (leitura) e através da formulação e emissão de mensagens (exposição oral ou escrita). Aulas de redação, aulas de dicção, sessões de oratória, declamação e grêmio literário. Aulas de leitura expressiva e interpretação de textos, debates sobre textos polêmicos, júris simulados, jograis, etc., etc.

Aulas de gramática? Apenas com sentido funcional, isto é, em função desse manuseio da língua. Identificação do sujeito, por causa da concordância verbal. Regras gramaticais que governam a boa construção da frase, a pontuação, a regência. Problemas de sintaxe culta padrão quando divergem da sintaxe oral, familiar ou popular. Seguro domínio dos verbos irregulares. Etc.

"Agente da passiva" — importa discutir esse nome? Não. Mas tem importância mostrar a diferença das construções ativa e passiva, e respectivo destaque dos elementos em jogo. Sob o aspecto da comunicação, é melhor ver o "agente da passiva" como "adjunto", visto o seu caráter acessório: a transformação passiva visa destacar o paciente, em detrimento do agente que, em geral, é supresso.

***

Toda língua é, essencialmente, um sistema de sinalização vocal. Código de comunicação por meio da voz.

Secundariamente, a sinalização vocal pode ser substituída, ou sugerida, por uma sinalização em desenhos. Em lugar do sistema fônico, evocando-o, temos então um sistema gráfico.

Observe-se a natural precedência, na vida do indivíduo e dos povos: primeiro a fala, depois a escrita. Isto, quando chega a haver o segundo sistema: muitos indivíduos (a maioria?) e muitos povos desaparecem sem nunca terem se comunicado por escrito.

Convém lembrar disso sempre de novo, porque com demasiada freqüência se pensa e se julga a língua em termos de letras. Não esqueçamos nunca que os alfabetos são sistemas secundários, sistemas de sistemas, convenções de convenções. E sistemas, todos, muito imperfeitos, cheios de arbitrariedades e incoerências.

Pronúncia "correta" é a pronúncia efetiva da maioria dos falantes. Ao nível culto, a pronúncia das pessoas cultas. Ao nível popular, a pronúncia do povo em geral. Não é nunca a pronúncia que deve ajustar-se às letras. As letras é que deveriam ajustar-se aos sons.

Algumas professoras primárias parecem firmemente dispostas a exigir uma "pronúncia alfabética" a seus alunos. Acham que o "certo" é pronunciar como se escreve. E não têm a mínima desconfiança da ilusão em que andam a respeito de sua própria pronúncia... Mas, quando controlam a fala de seus discípulos, lá exigem os [se, kwáze, mentira, tribo...], como se a pronúncia efetiva não fosse [si, kwazi, mintxira, tribu...].

Sabemos que entre os fonemas [e, i, o, u] há neutralização em sílaba átona. Daí a irrelevância das discussões sobre [e] ou [i], [o] ou [u] nessa posição vocabular. O único critério, repito, é a pronúncia efetiva da maioria.

Talvez fosse interessante também observar que nem precisa haver rigoroso ajuste entre som e letra. A grafia é um sistema convencionado como qualquer outro, com suas regras próprias. E pode muito bem ser entendido como representação das formas subjacentes às pronúncias efetivas. Uma representação rigorosa dos fatos fonéticos não permitiria um sistema uniforme, abrangente. E vejam que a grafia de uma língua deve abranger todas as variantes — temporais, espaciais, sociais, etc. Bom que não se perca em minúcias realísticas.

O certo é que som é som, fonema é fonema, e letra é letra. Não ganhamos nada misturando as coisas.

***

O que é "gíria"? Antes de mais nada, é um termo enganador, pois com ele se designam realidades bem distintas:

1. Linguagem especializada de disciplina ou profissão técnica: a gíria dos médicos, do Direito, dos psiquiatras. A dos economistas — o famoso "economês" —, a dos engenheiros, dos químicos, etc.

Nesta acepção — não muito usual, parece —, gíria é sinônimo de jargão, língua especial ou linguagem técnica.

2. Linguagem de grupos sociais — estudantes, artistas, militares, jogadores, etc. Acepção semelhante à anterior, também grupal, mas sem o traço de espe-

cialização técnica, ou o cunho científico do vocabulário. É famosa, neste sentido, por exemplo, a gíria dos estudantes de Coimbra, e a linguagem de caserna. E todos sabemos alguma coisa da gíria dos jogadores de futebol, onde a bola é a "menina", a "guria" ou a "nega", as redes da goleira são "o véu da noiva", e exige a "bicicleta", o "chapéu", o "fricote" ou as "frutas", a "zona do agrião", e todo o resto.

3. Linguagem de malandros, gatunos, viciados, criminosos — intencionalmente secreta ou esotérica (ao menos em parte), para não ser entendida pelos demais, sobretudo homens da lei. Trata-se, pois, de uma linguagem barreira ou defesa.

4. Linguagem propositadamente solta, para efeito de libertação anímica, se não deboche, escândalo, agressão, contestação. É uma linguagem-desrecalque, própria para se descontrair, "lavar a alma". Um desrecalque normalmente à força de palavras cruas, chocantes, do domínio sexual. É o reino livre do palavrão, enfim.

Quando linguagem de baixo nível social, recebe o nome de calão (confira: "palavras/expressões de baixo calão"). A notar, contudo, que o calão não implica necessariamente a intenção libertadora (função "catártica"): é simplesmente uma gíria baixa, uma linguagem "malcriada".

5. Linguagem familiar ou popular expressiva, cheia de inventividade e chiste, para comunicação entre amigos e colegas, em situações informais, de inteiro à-vontade. Nesta acepção, gíria é uma soma ou média de gírias. Conjunto de elementos advindos de outras gírias particulares, acrescidos de criações próprias, esta linguagem — menos especializada ou grupal — estende-se à comunicação familiar de todas as camadas sociais. De certa forma, a "gíria" neste sentido é a própria língua popular e familiar estilisticamente reformulada.

É esta última, parece, a acepção predominante hoje, entre nós, para o termo "gíria". Uma linguagem característica da época, grandemente incentivada pela juventude, com decidida colaboração dos meios de comunicação social — televisão, principalmente.

Se é tão variada a semântica da palavra **gíria**, é natural perguntar pela sua origem ou etimologia. "Gíria", segundo Antenor Nascentes, deriva de "geringonça", adaptação do castelhano *jerigonza*. E este, segundo Corominás, está ligado ao francês antigo *jargon*, dialetalmente *gargon*, primitivamente "gorjeio (de pássaros)", daí "fala incompreensível". *Gargon* tem a mesma raiz de garganta (há, em nossa língua, um gargantear ao lado de gorjear, para os pássaros). Já o castelhano "*jerigonza*, 1554, antigamente *girgonz*, metade do século XIII, parece ser o mesmo occitânico antigo *gergons* (caso reto de *gergon*, século XIII)". E vem daí também o nosso "jargão", termo que usamos para designar a gíria profissional técnica (gíria impropriamente dita). Três palavras, portanto, que são uma só na origem: jargão, geri(n)gonça e gíria.

Desse *jerigonza* derivou o espanhol a sua gíria: *jerga*. Temos assim, tanto nessa língua como na nossa (geri(n)gonça — gíria), outro exemplo da chamada "derivação regressiva" — formação de palavra pela redução de outra. Justamente um processo típico da gíria, que todos conhecem: **confa** (confusão), **delega** (delegacia/delegado), **transa** (transação), **purfa** (por fora), etc. Notar o detalhe da vogal temática -**a**-, verdadeiro marcador de gíria.

"Geringonça" valia (ainda vale?) por "fala popular complicada e difícil de entender-se" e (isto sim, ainda) "coisa malfeita, a desconjuntar-se". Quer dizer: a significação originária tinha os traços semânticos de "fala popular" e "obscuridade ou compreensão difícil" — as raízes de "linguagem (popular) secreta".

Mas por que a posterior diversificação semântica (cinco acepções aqui registradas)?

Se observarmos bem, veremos que nessas expansões significativas há sempre um traço semântico geral (um "arquissena" — dirá o especialista) a unir toda a família ideológica e a governar os aparentes descaminhos de significação.

Só falta falar da origem de "calão", termo, como vimos, para designar a gíria baixa, de vocabulário predominantemente obsceno. Trata-se de palavra **cigana**, que o português recebeu através do castelhano *caló*.

***

Vimos então que os dois traços semânticos comuns a todas as acepções que se vêm dando ao termo "gíria" são "linguagem especial" e "linguagem estilística ou expressiva", por oposição a "linguagem geral/comum" e "linguagem conotativa", por oposição à "linguagem denotativa" da comunicação ordinária, de caráter objetivo.

Que se trata de um fenômeno de estilo, já foi explicado por Mattoso Câmara Jr., mostrando a relação entre linguagem literária e gíria: "Estilo literário e gíria são, em verdade, os dois pólos da estilística, pois 'gíria' não é língua popular, como pensam alguns, nem língua profissional, como supõem outros, mas apenas um estilo que se integra na língua popular. Daí a justa observação de Karl Vossler de que na linguagem de um vagabundo mendicante há gotinhas estilísticas da mesma natureza que todo o mar expressional de um Shakespeare (*The spirit of language in civilization*. Londres, 1932). O estilo literário tem a vantagem de ser manipulado por pessoas que se especializam na técnica de carrear a manifestação psíquica e o apelo para a linguagem representativa, mas também tem a desvantagem de ser um tanto consciente e às vezes 'artificial', tendo-se então a retórica com todas as implicações negativas que o termo em regra pressupõe" ("Considerações sobre o estilo", in Mattoso Câmara Jr., *Dispersos*, 1972).

Tanto na linguagem literária como na gíria, temos a estilização da língua: uma "deformação" dos elementos de comunicação neutra ou referencial, com vistas a uma comunicação neutra ou referencial, com vistas a uma comunicação afetiva — impressiva (para causar impressão/impacto) ou expressiva (para exteriorizar seus sentimentos, descontrair-se). Na gíria como na literatura, trava-se uma "luta" contra a opacidade do código comum, uma "luta" por conseguir comunicar sentimentos através de um sistema previsto basicamente para comunicar idéias. Daí as deformações vocabulares, as imagens surpreendentes (metáforas) e os neologismos, no plano das palavras, e as construções, inversões, regências e concordâncias contra as regras gramaticais, no plano da frase. A Estilística está sempre em tensão contra a Gramática.

As pessoas "sensatas", "comportadas", aborrecem as invenções e os desregramentos tanto de um Guimarães Rosa como dos jovens entusiastas da gíria. Aqui como ali, uma linguagem que excede o estreito e frio modelo comum.

***

"O uso crescente de gírias na linguagem popular se deve a distorções e, principalmente, à ignorância de muitos pela gramática brasileira."

Palavras de um professor carioca.

Gíria, devida a distorções? Difícil compreender o que queira dizer isso. Qualquer pessoa de alguma informação e observação sabe que gíria é uma atividade criadora "em cima do" sistema normal da língua. Remanejando o material desgastado, a mente criadora dos falantes atribui significações novas a velhas palavras (jóia, legal, curtir, coroa, quadrado, etc.). Outras vezes, o remanejamento vai até a forma das palavras, a sua "integridade física": confusão >> confa; delegado >> delega; por fora >> purfa; cafajeste >> cafa; proletário >> proleta; madrugada >> madruga; transação >> transa; grã-fino >> granfa.

Talvez sejam essas as "distorções"... Mas que "o uso crescente da gíria se deve" a elas — que é isso?! A gíria se caracteriza por essas "distorções", transformações, hábeis simplificações. Uma prova de inteligência e de humor. Aliás, algumas pessoas sisudas parecem não se dar conta da saudável função da gíria.

Ora, gíria devida a "distorções"... Mas pior ainda é dizer que ela "se deve à ignorância de muitos pela gramática brasileira". (Antes de mais nada: "ignorância por" é que é ignorância da gramática. Nem precisa ser "brasileira".)

Gíria não é ignorância de gramática nenhuma. É a criação e recriação (e recreação...) de uma gramática peculiar. Uma gramática suficientemente travessa para irritar todos os sisudos donos da língua e da Gramática. Gíria só é gíria na medida em que quebra as regras da língua comum, em que se lhe opõe.

Não há nisso nenhuma ignorância da gramática: afinal, para transgredir esta é preciso conhecê-la primeiro, não é? Há é uma outra gramática, pois nenhuma comunicação funciona sem código — ou seja, linguagem nenhuma é possível sem gramática — "sistema de regras que regula o uso de sinais". Como poderia a gíria funcionar sem gramática própria?

Quem quiser abordar o tema da gíria deve, antes de mais nada, adquirir umas tinturas de Teoria da Comunicação e de Lingüística. Que gíria é coisa séria, talvez pelo fato mesmo de ser engraçada.

Mais um vestibular (PUC), mais uma repetição de desastre. De 7.267 candidatos, meio milhar de zerados em redação! Realmente, o nosso ensino está batendo recordes gloriosos.

Vamos a um ligeiro cálculo. Um mínimo de 4 aulas de Português por semana; 60 por semestre, 120 ao ano. Onze anos de escola (esqueço cursinhos!), mais de 1.300 horas-aula de Português.

Mil e tantas horas e pronto: o estudante não está capacitado a obter sequer meio ponto na prova de redação! Uma pobre redaçãozinha de vinte e poucas linhas (chamam de "dissertação"!).

Para que serviram as aulas de Português? Não se pode afirmar que de nada serviram: como no início da escolaridade os jovens se mostram criativos e redigem textos, escrevem histórias, e ao fim de onze anos de ensino conseguem a nota zero numa provinha de redação — já se vê para que serviram as aulas de Português...

Aulas de Português? Aulas de gramatiquice, fonemas e morfemas, regras e regrinhas, exceções principalmente, complementos e adjuntos, regras e regrinhas, orações principais e subordinadas, períodos simples e compostos, regras e regrinhas, adjunto adnominal e complemento nominal, predicativos, apostos, regras e regrinhas, nunca sem exceções. Aulas de Português, "cultura (cultura!) inútil", dizem os jovens.

Com o ensino de Português que anda por aí, estudante só pode aprender a ler e a escrever — à revelia dos professores.

Preciso me corrigir. É um erro culpar só os professores de Português. Todos os professores, quaisquer que sejam as disciplinas, todos os professores são co-responsáveis pela linguagem dos alunos. Todos os professores, de quaisquer disciplinas, devem exigir trabalhos escritos. Devem exigir redações. Um saber que não se põe no papel, preto no branco, é um saber duvidoso. Escrevendo é que a ilusão de saber se desmascara. Diante do papel em branco é que se vê a necessidade de aclarar as idéias, de completar as informações, de vestir as noções com termos próprios. Um saber que não se encarna em frases claras e exatas é um saber que ainda não existe de verdade.

Quantas composições os alunos fazem em História, Ciências Sociais, Educação Moral e Cívica, Literatura Brasileira (Literatura sem redação!), Filosofia (Filosofia sem redação!), etc.?

Todo saber, toda aquisição de conhecimentos é problema de linguagem. Quanto professor se iludindo com aulas expositivas... Aluno (e professor) que não sabe reduzir a frases completas o que está aprendendo (e ensinando!) não deve se iludir; ainda não sabe nada de nada de nada.

Todo o nosso ensino deve ser reformulado. Mais pesquisa, mais estudo, e mais atividade escrita. Metade (um terço?) da aula em estilo expositivo ou outro; o restante da aula, redução do aprendido a frases escritas. Duvido que no fim não saibam alinhavar vinte, trinta linhas em hora de concurso.

***

Clarice Lispector conta de correções que fez em seu texto:

Redução e simplificação:
1. "Eu verifiquei que tudo dormia tranqüilamente" >> "Verifiquei que tudo estava tranqüilo".
2. "Um muro que tinha três metros de altura" (8 palavras) >> "Um muro com três metros de altura" (7 palavras) >> "Um muro de três metros" (5 palavras).
3. "Ontem eu estava indo para a escola, quando aconteceu..." >> "Ontem, indo para a escola, aconteceu" >> "Ontem, indo à escola, aconteceu".

4. "Todos os dias acontece com a gente" >> "Todos os dias nos acontece".
5. "Falar a respeito das coisas" >> "Falar das coisas".
6. "Ele era tal qual como o seu irmão" >> "Ele era tal qual o seu irmão" >> "Ele era tal qual o irmão" >> "Era tal qual o irmão" ou "Era a cara do irmão" (de 8 palavras iniciais a 5 apenas).
7. "Para que saber quando vai haver alguma coisa boa?" >> "Interessa saber quando vai haver algo bom?".
8. "Eu tirei o meu chapéu" >> "Tirei o meu chapéu" >> "Tirei o chapéu" (É provável que você não tire chapéu de outro. Para que o "meu"? Francês é que precisa de possessivo do sujeito).

Na luta pela concisão ocorre também o corte puro e simples de palavras gastas:
9. "Você me disse que não vai contar" >> "Você prometeu que não vai contar" >> "Você prometeu não contar" (de 7 a 4 palavras).
10. "Você disse que não podia haver nada pior do que..." >> "Você afirmou que não há nada pior do que" >> "Você afirmou que não há nada pior que" >> "Você afirmou que nada há pior que" >> "Você afirmou nada haver pior que" ou "Você afirmou não haver nada pior que" (de 10 a 7 ou 6 palavras).
11. "Nós tínhamos feito uma boa caçada, não havia dúvida nenhuma" >> "Tínhamos feito, etc." >> "Tínhamos feito uma boa caçada, sem dúvida nenhuma" >> "Tínhamos feito uma boa caçada, sem dúvida" (de 10 a 7 palavras).

Corte ou substituição dos "uns" e "umas":
12. "Tínhamos feito boa caçada, sem dúvida" (de 10 a 6 palavras).
13. "Uma vez eu consegui" >> "Certa vez (ou certa feita) consegui".
14. "Quem o matou, uma vez que não foi você?" >> "Quem o matou, já que não foi você?" >> "Quem o matou, se não foi você?".

Eliminação da flexão inútil do infinitivo:
15. "Depois de comermos, deitamo-nos para fazer a sesta" >> "Depois de comer, deitamo-nos para fazer a sesta" >> (eliminação do "fazer", palavra gasta e inútil) "Depois de comer, deitamo-nos para a sesta".
Eliminação das repetições (outro meio de conseguir o encurtamento e a concisão é eliminar os termos repetidos):
16. "Mas não havia árabes lá. Só havia um piquenique" >> "Mas não havia árabes lá. Só um piquenique".

17. "E que azar (é) que deu?" >> "E deu azar?".
18. "Não estávamos brigando, não. Apenas estávamos discutindo" >> "Não estávamos brigando, mas (apenas) discutindo".

Reordenação dos elementos ou mudança de colocação:
19. "Pelo menos, é o que eu desejo" >> "É o que (eu) desejo, pelo menos".
20. "Uma certa vez me contaram que..." >> "Contaram-me certa vez que...".

Busca de maior clareza e correção (outras vezes é bom modificar a frase com vistas a uma expressão mais nítida e correta):
21. "Arranjamos tudo isto e oito dólares por cima" >> "Arranjamos tudo isso e oito dólares ainda por cima" ou "Arranjamos tudo isso e mais oito dólares por cima" (Em referência ao já dito ou escrito, ficam melhor os demonstrativos com **ss** — esse, essa, isso).
22. "Deram-lhe um tiro nas costas" >> "Deram-lhe um tiro pelas costas" (Não é o mesmo "nas" e "pelas costas").
23. "O homem recuou para trás" >> "O homem recuou" (Recuar só pode ser para trás. "Recuar para trás" é como "subir para cima" ou "descer para baixo", "gritar em voz alta" ou "murmurar em voz sumida ou baixa": todos pleonasmos viciosos).

Correção interna (E há também as mudanças exigidas pela gramática (correspondente ao respectivo nível de linguagem)):
24. "Prefiro morrer do que viver" >> "Prefiro morrer a viver" ("Prefiro mais o cinema do que a televisão" >> "Prefiro o cinema à televisão" (Antenor Nascentes (por exemplo, em *O problema da regência*) já pretendeu absolver essa sintaxe. Não há nada a absolver: é um fato de gramática, popular e familiar (da língua falada). Em nível mais formal, claro que se diz "Prefiro uma coisa a outra". Isto é, na gramática da língua culta ou do idioma padrão, o verbo preferir é "bitransitivo": requer um objeto direto e um complemento introduzido pela preposição **a**.
25. "Cansou-se de dizer para não fazer aquilo" >> "Cansou-se de recomendar que não fizesse aquilo".
26. "Custei a acreditar" >> "Custou-me acreditar" (Vejo contudo uma diferença entre as duas construções: a primeira vale por "demorei ou tardei a", a segunda por "foi custoso para mim". Duas significações, duas construções (regências). O "custei a", apesar de toda a relutância dos puristas, está

plenamente consagrado na sintaxe brasileira, falada e escrita. Então... Ou vamos continuar a assistir à comédia de gramáticos e professores brasileiros condenando brasileirismos?... Quem desejar mais informações sobre o "custei a", leia Luiz Carlos Lessa, *O modernismo brasileiro e a língua portuguesa, 1966*).

Conclusão de Clarice Lispector: "Mas não se torne mania esse tipo de correção. Senão, em vez de escrever, a pessoa ficará preocupada em exigir frase que soe melhor". Claro, isso é técnica de redação, de poda e toalete de frase. Para a arte literária é essencial o sopro interior, a inspiração, que plasma a linguagem. E esse mesmo princípio interior pode alguma vez pedir frases mais folhudas ou menos certinhas.

Sugestivo o título de Clarice: "Para uma frase soar melhor". A velha verdade: há que ter ouvido. Se você não tem, toda essa técnica de melhorar frase não adianta grande coisa.

***

PROGRAMA DE LÍNGUA PORTUGUESA PARA O CICLO BÁSICO UNIVERSITÁRIO Prevê a reforma universitária uma etapa inicial de preparação para o ensino superior: semestre ou ano básico. Função específica: complementar o ensino secundário, corrigir-lhe deficiências e lacunas, estabelecer o devido relacionamento entre os dois níveis de ensino.

Entre outras disciplinas consta a de Língua Portuguesa, como obrigatória para todos, por motivos óbvios.

Publico hoje um programa que elaborei para esse Português básico. Submeto-os aos colegas, esperando críticas e sugestões que permitam aperfeiçoá-lo.

■ Fundamentação lingüística

- A língua como instrumento de comunicação. Funções da linguagem.
- Saber lingüístico e atividade verbal: "langue" e "parole" (Saussure), competência e desempenho ou performance (Chomsky).
- A língua e suas variantes idiomáticas, níveis e padrões. Língua falada e língua escrita.
- Conceito de idioma padrão.
- Correção gramatical e adequação da linguagem.

- Conceito tradicional e moderno de gramática. Gramática natural e gramática artificial. Componentes de gramática.

■ Aplicação prática à língua portuguesa

- A estrutura da frase: núcleo e transformações. Padrões frasais básicos. Classes sintáticas e morfológicas.
- Sintaxe de colocação.
- Concordância nominal e verbal.
- A correlação pronominal: pessoais, possessivos, demonstrativos e advérbios; marcas (flexões) verbais respectivas.
- Regência. Uso das preposições.
- Sintaxe figurada e afetiva. As transformações a serviço das diversas funções da linguagem.
- Flexão nominal e verbal. O verbo irregular. Formas e uso do imperativo.
- Prosódia.
- A língua escrita. Redação. Pontuação, ortografia, crase.

■ Atividades práticas

- Exercícios de crítica sintática (julgamento e avaliação de frase): juízos de "gramaticalidade e adequação de linguagem. Reconhecimento de nível gramatical. Crítica de regras livrescas, preconceituosas e anti-realistas.
- Prática de expressão oral e escrita.

Como o leitor pode depreender, parte-se aqui de uma fundamentação técnica, amparada na lingüística moderna. É absolutamente necessário que o aluno — o universitário com muito mais razão — tenha noção rigorosa, clara e crítica do objeto que vai estudar. Seria incompreensível ir hoje aos estudos de linguagem tolhido pelos preconceitos e ambigüidades do pensamento tradicional. Como seria ingenuidade imperdoável pensar empreender um estudo universitário do idioma sem utilizar as aquisições definitivas do estruturalismo e do transformacionalismo.

Assim, partindo de noções técnicas de base, se faria um estudo das regras do português, para levar o aluno a uma visão crítica do idioma, capacitando-o a emitir juízos de valor sobre frases construídas, suas ou alheias. Essa conscientização idiomática se consolidaria através de constantes e repetidos exercícios de crítica sintática.

Paralelamente se estimularia a criatividade lingüística do aluno mediante treinamento da expressão oral e escrita, visando à plena eficiência e expressividade na comunicação — verdadeiro objetivo dos estudos da língua.

PROVAS DE PORTUGUÊS Passo os olhos pela prova de Português e Literatura do último vestibular da PUC local. Com alguma decepção topo com surradas questões que denotam apego a regras gramaticais há muito alteradas na língua viva.

Uma das teimosas, obstinadas regras artificiais de purismo é a da pluralização de verbos acompanhados de **se** — consertam-se calçados, vendem-se terrenos... Coisas assim que professores de Português teimam em classificar como frases passivas, contra todo o sentimento dos falantes nativos, e deles mesmos.

O melhor dos nossos gramáticos, Said Ali, já viu esse caráter ativo, no início do século. Mas nós teremos de ir aos confins dele, dois mil adentro, ouvindo ladainhas de "passiva sintética, pronominal, concordância com sujeito passivo" lá onde o que temos é voz ativa e concordância por atração (Antenor Nascentes) ou por "Conserta**m**-se calçados" confere outro "status" ao mais humilde dos sapateiros.

Vejamos questões de **se** da citada prova.

Questão 11. No artigo, [...] críticas que não se [...] e outras de que se [...].
(A) havia / aceitavam / desconfiava
(B) haviam / aceitavam / desconfiavam
(C) havia / aceitava / desconfiava
(D) havia / aceitava / desconfiavam
(E) haviam / aceitava / desconfiava

Questão 15. Para que se [...] injustiças no julgamento das obras, é necessário que se [...] às normas do regulamento e que se [...] os casos omissos.
(A) evite / obedeçam / discuta
(B) evite / obedeçam / discutam
(C) evitem / obedeçam / discutam
(D) evite / obedeça / discuta
(E) evitem / obedeça / discutam

Ora, em termos de linguagem efetiva, atual, vê o leitor que essas questões admitem mais de uma resposta correta (a menos que só considerem "correto" o que obedece a regras de "papel"...): tanto se USA formas como "aceitam-se críticas", "evitam-se injustiças" e "discutem-se casos" como "aceita-se críticas", "evita-se injustiças" e "discute-se casos" — sendo estas de uso mais espontâneo.

Que as formas de verbo no singular ocorrem até no nível literário pode-se ver documentado em Raimundo Barbadinho Neto, *Tendências e constâncias da língua do modernismo*, 1972, e Luiz Carlos Lessa, *O modernismo brasileiro e a língua portuguesa*.

Sugestão: esse tipo de questão deve ser evitado em exames de Português, já que nada consegue apurar do domínio efetivo (forçosamente variável) da língua por parte dos examinandos.

Nas provas de língua nacional é absolutamente necessário respeitar a gramática implícita dos falantes nativos. Aquele sistema de regras interiorizado por eles e que lhes permite entender, fazer e julgar.

Basear a prova em regras e detalhes livrescos pode dar em que obtenham melhor nota, na língua do país, candidatos estrangeiros (e já aconteceu)! Só porque aprenderam regras de livro...

Então, para que ensinar Português?

Para ensinar "português", PRATICAR português de verdade, e não macetes, regrinhas e exceçõezinhas.

***

Só agora, de volta do Rio de Janeiro, posso dar a devida atenção ao artigo "Provas de Português", do meu ex-aluno da UFRGS Gilberto Scarton, publicado neste jornal [provavelmente o *Correio do Povo*, de Porto Alegre], no dia 25 próximo passado.

Aquela questão de "aluga(m)-se quartos" ou "vende(m)-se terrenos". Ou aqueles "críticas que não se aceitava(m)", "para que se evite(m) injustiças" e "que se discuta(m) os casos omissos", do último vestibular da PUC local.

Claro, para qualquer falante de português — ao menos do português do Brasil — as duas sintaxes existem. Aceita-se ou aceitam-se críticas, assim como se discute ou se discutem casos omissos.

Língua materna a gente sabe de ouvido, e não porque decorou lição de Português, ou preparou macete de vestibular. Língua materna se sabe para falar, ler e escrever, e não para fazer prova de cruzinha sobre questiúnculas gramaticais.

Nada contra lembrar o aluno de que "aceitam-se críticas" é mais "culto" (nível de linguagem) e mais "formal" (registro de linguagem) do que "aceita-se críticas"; tudo contra dogmatizar que o primeiro é "correto", e o segundo, "incorreto"... e em cima desses preconceitos elaborar testes (objetivos!) de Português.

Meu ex-aluno e amigo GS tem razão quando diz que tenho me "preocupado em difundir o relativismo lingüístico, que tenho exortado os que lidam com o idioma a discernir usos: uso regional × uso nacional, uso brasileiro × uso lusitano, uso culto × uso popular, uso antigo × uso moderno, etc.".

Realmente, tudo é relativo em linguagem: relativo ao falante e ao ouvinte, ao assunto ou mensagem e ao código (língua), ao contexto e situação do ato de fala.

Por isso mesmo, o problema da linguagem não é uma correção absoluta *a priori*, e sim a adequação relativa aos elementos de cada ato de comunicação verbal.

As variantes lingüísticas são justamente uma das conseqüências desse relativismo. E é o que atrapalha as provas de Português, onde o ideal — parece — seria lidar simplesmente com certo × errado.

"O ilustre colunista defende a legitimidade vernacular de 'vende-se casas', dando à construção direitos de cidadania no nível culto formal, se bem entendemos" — escreve o amigo.

Bem. O colunista aqui NÃO "defendeu a legitimidade vernacular" de "vende-se casas". Mesmo porque não há nada na língua que se precise defender. Ela se defende sozinha — ela. É o sistema de regras que falantes (e escreventes) observam ao natural. E aquilo que os usuários da língua fazem ao natural, espontaneamente é "legítimo", já que obedece a "leis" (profundas) da linguagem. E é "vernacular", no sentido primitivo de "próprio da região, nativo" (a outra semântica , "puro, correto", "que atenta para a correção no falar e escrever", é secundária, decorre de preconceito e serve à discriminação classista). "Conserta-se sapatos" é vernáculo na acepção primeira; na acepção segunda... bem, depende do humor dos gramáticos.

Quanto a "direitos de cidadania" e "nível culto formal", falo no próximo artigo.

***

Retomo o final de domingo. Não havia no meu artigo de 20 pp. qualquer coisa como "defender a legitimidade vernacular de 'vende-se casas', dando à construção direitos de cidadania no nível culto formal".

Primeiro, porque a minha posição, aqui, não é de defender a língua, usos e costumes lingüísticos: procuro é ver, descrever e, na medida do possível, explicar. Nenhuma língua precisa de defensores ("paladinos da boa linguagem"...).

Segundo, porque não sou eu que determino o que é legítimo ou vernacular: fatos obedecem ou não obedecem a leis (regras), ocorrem ou não ocorrem numa região; portanto, fatos são ou não são "legítimos", são ou não são "vernáculos": problema de simples constatação, que não de defesa.

Terceiro, não estive "dando à construção 'vende-se casas' direitos de cidadania" e muito menos "no nível culto formal". Não sou de dar direitos (quem sou eu...): pessoas/coisas têm direitos, que devem ser respeitados. "Nível culto formal"? Eu falei que "vende-se casas" é de nível "culto formal"?! Escrevi que as formas com o verbo no singular — aceita-se críticas, evita-se injustiças, discute-se casos — "são de uso mais espontâneo" e que elas "ocorrem até no nível literário". "Uso espontâneo", parece, é o contrário de registro formal. E "nível literário" não quer dizer necessariamente "nível culto formal", a não ser para algum parnasiano ou academicista equivocado. A literatura se alimenta da vida, do natural e espontâneo mais que do artificial.

"Ora, o que se mede numa prova de língua portuguesa [...] é o domínio da língua culta formal e não o da popular ou familiar."

Assim tem sido. Mas, em lugar de "formal" estaria mais certo escrever "superformal" ou "hiperformal". Provas exigindo conhecimento de regras de um purismo ultraconservador, do conhecimento exclusivo ("saber esotérico") de professores de Português que acreditam mais nos compêndios que na vida.

Assim tem sido. Pois bem: talvez seja cedo, mas conviria uma reação enérgica contra tais provas de purismo gramatical. O que se deve medir é simplesmente o domínio da língua. Um domínio efetivo, atualizado. O conhecimento da língua como um sistema variável, flexível, implicando o sentimento da adequação dos atos de fala e escrita muito mais do que um purismo absoluto, neurótico e alienante.

Talvez seja cedo, repito. Mas provas de Português norteadas por um sadio realismo lingüístico fariam mais justiça aos verdadeiros conhecedores ou práticos da língua, e teriam, sobretudo, um papel importantíssimo na reformulação do ensino tradicional da língua materna. Já que os professores do idioma nacional dançam conforme a música do vestibular...

Por que não, nas provas de Língua Portuguesa, questões que envolvam o discernimento entre níveis e registros de linguagem, problemas de adequação comunicativa, de gramaticalidade e aceitabilidade, de estilo e expressividade, de clareza e ambigüidade, de uso e desuso, etc.?

As provas atuais, infelizmente, retratam bem o depauperante ensino tradicional do certo e errado. No mínimo, uma deplorável falta de imaginação.

Não é verdade que eu tenha citado Barbadinho Neto e Luiz Carlos Lessa "para defender a legitimidade de 'aluga-se casas'". Não há nada a "defender". E "legitimidade" é caráter de "legítimo"; "legítimo" é o "conforme à lei"; em linguagem, é legítimo tudo o que decorre das leis (regras) da língua.

Eu quis apenas mostrar que aquela sintaxe "ocorre até no nível literário" e, para documentar, me vali daqueles pesquisadores que eu tinha à mão. Não é porque escritores empregam determinadas formas da língua que estas se legitimam; escritores é que estão sendo legítimos quando seguem as leis (regras) da língua. Teria sido melhor documentar com textos não-literários, textos de linguagem referencial ou informativa — de jornais, revistas, livros didáticos, técnicos, etc. Mas eu não dispunha de material deste tipo. Na verdade, tais documentações não têm maior importância; o que importa, no caso, é todos sabermos que existe a variabilidade "aluga-se casas" — "alugam-se casas".

É natural que escritores prefiram formas consideradas "corretas" — ninguém gosta de passar por ignorante. Em última instância, até revisores de texto se encarregam de corrigir "erros" ou "ignorâncias" de escritor...

Muito mais fidedignos quanto ao verdadeiro português do Brasil são as gravações do Projeto da Norma Urbana Culta. E dou razão a outro ex-aluno meu, Mainar Longhi: "na fixação dos preceitos gramaticais [...] se deverá dar destaque à realidade que for constatada através do citado instrumento". Isto: a gramática é "realidade" constatável; ela é o que é, é como é, variável, flexível, e não o que ou como reacionários e puristas querem que ela seja: um monolito estático, imutável, camisa-de-força, leito de Procusto, etc.

Muito habilmente, o meu ex-aluno argumenta enfim com textos da minha própria autoria: "consertam-se ou remendam-se calçados", etc. — "verbo plural, no registro formal da linguagem culta" (*Moderna gramática brasileira*, p. 133).

Certo, mas não se deixe de ler a nota ao pé da página: "Mais acertado é considerar ativa essa conjugação — o que corresponde: (1) ao sentimento dos falantes (conserta-se calçados, vende-se terrenos — é como se usa na fala espontânea) e (2) à colocação dos termos (a posição pós-verbal é a do paciente) [...] A flexão plural do verbo (vendem-se terrenos), no padrão culto escrito, pode-se explicar como mera "servidão gramatical" — nem sempre observada — ou por atração" [ou contágio das construções reflexivas].

Também são transcritas lições desta coluna. Ora, é óbvio que este espaço tem um papel educativo, alertando o leitor para aquilo que, em linguagem, é mais prestigiado e havido como "correto". Mas não se pode tão facilmente esquecer tudo o que aqui já ficou escrito contra o purismo, contra o gramaticalismo reacionário, contra questões discutíveis de provas de Português, etc.

Nada contra comissões elaboradoras de provas, nem contra instituições de ensino. Só fiz, e agora repito, uma SUGESTÃO: questões discutíveis, por variabilidade gramatical, é melhor que sejam evitadas nas provas de língua nacional, já que nada conseguem avaliar do domínio efetivo (forçosamente variável) da língua por parte dos examinandos. É absolutamente necessário respeitar a gramática implícita dos falantes nativos.

***

Questão de prova de Português, a respeito da qual me consulta José Carvalho: "O gabarito oficial deu como alternativa incorreta a letra B, porém entendo que existe um erro frasal na formulação da frase [da questão?]".

"Assinale a alternativa em que, considerando-se a regência do verbo, há erro no emprego do pronome em destaque:
 (A) Não os convidei para a festa porque não encontrei seus endereços.
 (B) Se você quer que eu lhe respeite, trata de respeitar-me também.
 (C) Como fosse uma pessoa compreensiva, todos lhe obedeciam com prazer.
 (D) Parece que minhas palavras não lhe agradaram.
 (E) Perdôo-lhe sinceramente pelo que você me fez."

Como se vê, examinam-se aí conhecimentos da oposição "transitivo direto"/"transitivo indireto": **o/lhe**.

(1.1) A gente convida amigos para...
(1.2) (pop.) A gente convida eles para...
(1.3) (culto) A gente convida-os para...

(2.1) A gente telefona a alguém.
(2.2) A gente telefona a ele.
(2.3) A gente telefona-lhe ou lhe telefona.

Lhe é forma sintética, vale por **a ele** ou **a ela**; e poderia ser **a você** ou outro "tratamento":

(3.1) O rapaz vai falar a você.
(3.2) O rapaz vai falar-lhe (vai lhe falar ou vai-lhe falar).
É verdade que também em (1.2) caberia "a eles":

(1.2) A gente convida a eles para...

Mas veja bem que é um **a** facultativo, não obrigatório: convida a eles = convida eles (pop.); mas: telefona a eles, não *telefona eles...

É verdade que, em não poucos casos, a obrigatoriedade do **a** é mera exigência de linguagem culta: (C) obedecer (a) alguém, (D) agradar (a) alguém, (E) perdoar (a) alguém. Conseqüência: dificuldades na aprendizagem e domínio de regras de regência verbal vigentes na língua padrão (linguagem culta formal).

Para aumentar a dificuldade, a gramática vulgar (modelo popular e culto informal) substitui pela forma **lhe** a forma **o**, que comunica mal:

(4.1) Não vi você na festa.
(4.2) (pop.) Não lhe vi na festa.

Vamos então à alternativa (B), considerada resposta correta pelo gabarito. Regência de respeitar:

(5.1) A gente respeita alguém ou você.
(5.2) A gente respeita-o ou o respeita.

Também possível "respeita a alguém, a você", mas com **a** facultativo. Outra prova da correção do **o**: corresponder a sujeito passivo:

(6.1) Alguém/você é respeitado (pela gente).

Portanto, forma gramatical de (B), na língua padrão:

(B.1) Se você quer que eu o (ou a) respeite, trate de respeitar-me (ou me respeitar) também.

Tudo bem, menos a falsidade desta linguagem: uma frase de fala, de diálogo, "corrigida" segundo regra de linguagem culta formal!...

Mas, se o critério é essa "correção" artificial logicista, também em (E) "há erro" de regência: a gente perdoa algo a alguém, perdoa-lhe (= a alguém) o que fez (= algo), e não *perdoa-lhe (a ele) pelo que fez (por algo)... Além do absurdo: perdoar a alguém POR fazer um mal...

CONCLUSÃO: toda a cautela na elaboração de provas de Português. Examine-se a língua efetiva, e não conhecimentos livrescos de purismo reacionário.

PROVAS DE COMUNICAÇÃO E EXPRESSÃO Fundamental: as provas examinam o domínio do português culto formal (um modelo ideal, nada realista). Desse ponto de vista, o português falado vulgar, esse do papo diário, é um triste amontoado de erros. Então, cuidado: o máximo de atenção para aqueles pontos em que o português de papo se afasta do português escrito cult(íssim)o formal(íssimo), regido por uma Gramática culta ideal.

Primeiro, naturalmente, **ortografia**: trata-se de língua escrita correta. Uso das letras — sibilantes principalmente: exceção, hesitar, êxito, displicência, complacência, sucinto, recender, burguesia, freguês, cessão (de ceder), seção (repartição), sessão (reunião)... — e dos acentos. Dêem uma última olhada no meu *Novo guia ortográfico*.

E a **pontuação**. Sempre há questões de frases diversamente virguladas. As vírgulas dos encaixes (duas vírgulas, ou nenhuma) = ver se há interrupção de seqüências diretas — "O diretor não respondeu" / "O diretor, porém, não respondeu". Conjuntos já virgulados separam-se entre si por ponto-e-vírgula ou ponto final: "Os alunos ontem dirigiram-se ao diretor este porém nada decidiu" >> "Os alunos, ontem, dirigiram-se ao diretor; este, porém, nada decidiu".

Morfologia. Sobretudo a dos verbos. Verbos irregulares então... Justamente pela distância entre a fala vulgar e o modelo escrito formal. Se/quando eu vir ("enxergar"), vier ("chegar") — e não como por aí se fala *Se/quando eu ver..., vir.

Esteja, seja, veja — e não (vulgar, inculto) *esteje, *seje, *veje...

Verbos com prefixo: conjugam-se como as bases (sem prefixo). Atenção, pois, para a conjugação dos verbos **ter, vir, ver** e outros que são as bases dos prefixados: abster-se, conter, deter, entreter, manter... e suster, "segurar..." (diferente do regular **sustar, parar**...). Se/quando contivermos, detivermos, mantivermos... Eles se entretiveram, se se entretivessem... E os derivados de **vir**: antes que ele interviesse (e não: *intervisse); devia ter intervindo...

Exceções: (1) **prover** é como **ver**, mas regular no pret. perfeito e derivados (provi, proveste, proveu, provera, provesse, prover); (2) **reaver** é como **haver**, mas não tem as formas sem -**v**- (hei, hás, há, hão, haja, hajas...); no pres. do indic., só reavemos e reaveis; (3) requerer só é irregular em requeiro e derivados (requeira, requeiras, requeiramos...).

Cuidado com o imperativo. Não vale português de papo. Vocês precisam (re)aprender os imperativos do modelo culto formal escrito. Imperativo afirmativo: as formas de **tu** e **vós** do pres. indic. sem o -s: tu trabalhas, vós trabalhais >> trabalhai (tu), trabalhai (vós). Exceção: tu és, vós sois >> sê (tu), sede (vós). E as formas em **-ze** admitem as variantes sem **-e**: tu dizes/fazes/trazes/reduzes.... >> dize/faze/traze/reduze... >> diz/faz/traz/reduz... (tu). — Imperativo negativo: as formas do pres. subj. (não digas, não tragas...).

Verbos em **-ear**; muda-se o **-e-** em **-ei-** quando tônico. Receio, receias, receia, receiam; receie(s), receiem — mas: receamos, receais, receava, receei, receou, receemos, etc. E atenção: 5 (cinco) verbos em **-iar** tomam o mesmo **-ei-** em lugar do **-i-**. Fórmula para reter: "MARIO" — mediar, ansiar, remediar, incendiar, odiar.

Morfologia nominal. Revisar certas pluralizações especiais: nomes em **-ão** (-ãos, -ães, -ões), em **-zinho** (pluralização dupla: papeizinhos, soizinhos), palavras compostas curtos-circuitos, escolas-modelo, etc.). Feminizações especiais: nomes em **-ão** (-ã, -ona, -oa), etc. Gêneros hesitantes: o clã, a análise, a apendicite, a cal, o crisma (óleo santo), a crisma (sacramento), o telefonema, etc.

Adjetivos compostos só se flexionam no segundo elemento: relações + luso-brasileiro >> relações luso-brasileiras. Compostos de cor (verde-amarelo...), quando substantivos em função adjetiva, são invariáveis: camisas azul-marinho (= de um azul [substantivo] marinho), gravatas verde-garrafa ou cinza-claro (= de um cinza claro), etc.

Sintaxe. Revisar problemas de regências. Verbos **aspirar** (a um cargo), **assistir**, **custar** ("custou-lhe acreditar"), **esquecer** e **lembrar** (não se aceitam as regências vulgares: "esqueci dos livros" por "esqueci-me dos livros" ou "esqueci os livros" por "esqueci-me dos livros" ou "esqueci os livros"), **informar** ("informamos-lhe que..."), "informamo-lo de que....", não "*informamos-lhe de que..."), **obedecer** (a ele, obedecer-lhe, e não: obedecê-lo), **namorar** (alguém, namorá-lo, e não: namorar com alguém), **pagar** (a alguém, pagar-lhe, e não: pagá-lo), **preferir** (prefiro morrer a trair amigos, e não: prefiro morrer do que trair...), **proceder** (ao levantamento, proceder à chamada), **querer** (querer a alguém — no sentido de "estimar..." >> querer-lhe), **sobressair** (alguém sobressai, e não: *se sobressai), **tratar** (trata-se de casos raros; nunca pluralizar: *tratam-se de casos...), etc.

Diferença entre **o** e **lhe** / objeto direto e objeto indireto. O **o** corresponde em geral a sujeito passivo: não o viram >> ele não foi visto. O **lhe** está por a ele(o), a você (o senhor, a senhora...), onde o **a** é indispensável. Falei a ele (e não: *falei ele) >> falei-lhe: mas: não viram a ela = (pop.), não viram ele (o **a** é dispensável) >> (culto) não o viram, e não (vulgar) não lhe viram.

Onde/aonde. No modelo culto formal, aonde = para onde. "Aonde vais?", "Perguntaram aonde ela ia". Mas não: "Aonde moras/estás...", que seria "*Para onde moras/estás...".

Sintaxe de concordância. "Existiram heróis", mas "Houve heróis" — e não "*Existiu heróis", "*Houveram heróis". "Faz dez/muitos anos que...", e não "*Fazem dez/muitos anos que...". "Houve bastantes (e não: bastante) casos..."

Concordância dos particípios e verbos com sujeitos pospostos: "Foram explicadas as causas", "Restam/faltam/sobram ainda alguns pormenores", "Casos que falta (não: *faltam) resolver". Constroem-se edifícios, revogam-se leis (= edifícios são construídos, leis são revogadas), etc.

AS PROVAS OBJETIVAS As provas de testes objetivos têm suas vantagens. Permitem avaliação também objetiva. Além disso, são uma necessidade nos concursos de número elevado de candidatos. Milhares de provas só podem ser corrigidas por computador.

Sim, provas de testes são justiceiras e, hoje, inevitáveis. Mas têm de ser muito bem elaboradas. É preciso que em cada questão uma só alternativa seja a correta.

Ora, alguém deve urgentemente dizer alguma coisa sobre o assunto. Que tem havido provas objetivas muito pouco objetivas. Com muito mais "furo" do que é razoável esperar. Querem ver? Pego uma dessas provas, que tenho à mão.

"Quanto ao número de sílabas, os vocábulos **lei** e **consciência** são, respectivamente: [...]". Você olha as alternativas. Lá está: "b) monossílabo e trissílabo" [lei e cons-ci-ência]. Pois a resposta "oficial" foi: "e) monossílabo e polissílabo". Imagine só, ler cons-ci-ên-ci-a...

"Aponte a frase em que a palavra sublinhada deveria ser de outro gênero: [...]". Resposta "oficial": "d) Comprei duzentas gramas de uva". Como? Então a maioria dos brasileiros "deveria" falar diferente: Quantos gramas? Quinhentos gramas. Já dediquei duas colunas a esse grama masculino; mas, como se vê, preguei no deserto. Então leia aqui: "Embora seja palavra etimologicamente masculina, diz-se hoje, corretamente, a grama, duzentas gramas" [Puxa, a própria locução da prova...] (Rocha Lima). "[...] é masculino, segundo os puristas, mas na vida prática todos empregam no feminino: duzentas gramas" (Antenor Nascentes). Etc.

"Assinale a alternativa onde não há a devida correspondência entre os termos: [...] Alternativa "oficial": "c) cavaleiro (dama)". Mas havia também: "e) chefa (chefe)". Ora, a chefe não se aplica a desinência -**a**: o/a chefe. Não há chefa na língua padrão.

"Assinale o grupo de palavras que fazem o plural da mesma maneira que **invisível**: [...]". Alternativa do gabarito: "b) fácil, terrível, móvel, fútil". Como? **Fácil** e **útil** "fazem o plural" como **invisível**? E havia a alternativa "a) amável, incrível, útil, azul", onde útil é como **fútil** e **fácil**, e **azul** obedece à mesma regra: l >> is. Sem falar nas outras alternativas, com -il tônico, onde a regra é a mesma, só com uma crase, posterior, a mais: -**il** >> **isis** >> **is** (funil / funis)...

"As palavras que têm um radical comum chamam-se cognatas. Qual a série que possui somente palavras cognatas?" "a) morente, moribundo, morto" é a resposta do gabarito. Mas, e a alternativa "b)"? — "seco, dessecar, secura" não têm radical comum, não são cognatos?

"Indique a frase que não deve levar o acento significativo de crase: [...]". Resposta: "b) À passo descansado, caminhava pelas ruas desertas". E o candidato que assinalou a alternativa "c) Ele se largou estrada à fora"...? Errou a questão, hem?

"Na frase: A estrada estendia-se a perder de vista, o a não tem acento porque é: [...]". Como "o a", se há dois? Resposta do gabarito: "b) uma preposição". E aqueles que responderam: "a) um artigo" [a estrada]?

"Assinale a frase que está com a regência verbal correta: a) Ele aspirava à aragem fresca [Erro de ortografia, mas não de regência]; b) Naquele silêncio ela esquecia de tudo [Sintaxe corrente; não é problema de "correto"]; c) Admirei-lhe a elegância no vestir; d) Eu lhe visitarei ao entardecer [Sintaxe oral]; e) Aspiro a altos cargos". Resposta do gabarito: c). Mas, em e), a regência verbal é também "correta"; a incorreção é apenas gráfica.

"No período: Chegou furioso e arrastou-a para o quarto, nota-se que existem, pela ordem, orações: [...]". Resposta do gabarito: "a) coordenada assindética e coordenada sindética aditiva". Bom, a primeira oração é coordenada à segunda, e a segunda à primeira. A coordenação se faz mediante o **e**. Então ou as duas são coordenadas sindéticas aditivas, ou nenhuma é. Na verdade, a coordenação do período é que é aditiva: (oração 1) + **e** + (oração 2). O **e** não pertence a nenhuma das duas orações.

"Se a ação se repetir, avise-se o gerente. A palavra se apresentada em segundo lugar, no texto, é: [...]". "d) pronome reflexivo" — acha o gabarito. Mas, e quem respondeu: "b) pronome apassivador" [se a ação se repetir = se for repetida a ação], hem?

"No texto [anterior], o gerente é: a) objeto direto; b) objeto indireto; c) predicativo; d) complemento nominal; e) sujeito." Resposta do gabarito: "e) sujeito". Mas, e os candidatos que responderam de acordo com o sentimento (atual) da língua: "a) objeto direto"? Se até para o mestre Said Ali era isso — objeto direto —, a concordância do plural (avise**m**-se os gerentes) se explicando por atração...

"Na frase: O funcionário não soube resolver o problema, ninguém na repartição o soube, o pronome o é proclítico porque: a) o verbo encerra a oração; b) o verbo é precedido de advérbio; c) o verbo é precedido de pronome indefinido; d) por motivo de eufonia; e) nenhuma resposta correta." Resposta do gabarito oficial: "c) o verbo é precedido de pronome indefinido". Mas têm muito mais razão aqueles que ficaram com a alternativa d). Afinal, depois da histórica e magistral lição de Said Ali (em *Dificuldades da língua portuguesa*), qualquer professor de Português sabe — e quem elabora provas de Português deve saber — que o posicionamento dos pronomes átonos é uma questão de ritmo, de fonética, e não simplesmente de morfossintaxe: "Tenhamos cuidado de não fazer a ênclise a futuro, a condicional e a particípio passado, em não começar a frase por pronome oblíquo no estilo elevado (o que se tolera perfeitamente no estilo familiar). E deixemos que nos dite a escolha, nos diversos casos de topologia pronominal, o sentimento da língua, o ritmo da frase, a harmonia do período". Palavras de Gladstone Chaves de Melo: "A situação do pronome átono na proposição, tanto no Brasil como em Portugal, é determinada exclusivamente pelo ritmo, diferente numa e noutra região, consoante a tonicidade e o valor dos fonemas [...]". Palavras de Silva Ramos: "Mas nós.. ainda acreditamos que haja palavras-ímãs, que façam saltar os coitados dos pronominhos para cá e para lá...".

"Na frase: É espantoso, o adjetivo espantoso equivale a: a) amedrontador; b) apavorante; c) surpreendente; d) alarmante; e) assustador." Hem, leitor? Como é que o leitor responderia? Difícil, não?, se **espantoso** — assim, fora de contexto e fora de situação — pode significar tudo aquilo e mais alguma coisa... Afinal, **espantoso** equivale a **que causa espanto** e **espanto** vale (Roquete e Fonseca, *Dicionário dos sinônimos*) por [...] medo, susto, temor [cf. alternativas a), e)] — [...] conturbação, pavor [cf. alternativa b)] [...]". E alarmante (alternativa d)) vem de alarmar, que, entre outras coisas, significa "assustar" (cf. alternativa e)). E o gabarito? Deu alternativa c)... Quer dizer, uma bela questão, que todos os candidatos acertaram. Prova bem objetiva, essa! Não há de ser nada, que logo adiante a frase-feita enfática — pleonasmo estereotipado — "Vi com estes olhos que a terra há de comer" foi dada como "vício de linguagem"... Vício hediondo ao qual nem o imortal Camões escapou ("vi claramente visto o lume vivo/ Que a marítima gente tem por santo")...

Provas objetivas devem ter objetividade nas questões. É absolutamente necessário que, das alternativas propostas, uma só possa ser considerada plenamente satisfatória. E isso sem concessões opinativas, subjetivas.

Mas não é só. A objetividade deve orientar a prova inteira em harmonia com as finalidades não só dela mesma, senão de todo o concurso. Trata-se de responder a perguntas como: a) qual é o objetivo de uma prova de Português em geral, e b) da prova de Português neste concurso; c) qual é o objetivo específico deste concurso.

Se uma prova de Português não é para professores de Gramática, que sentido faz multiplicar questões sobre nomenclatura gramatical? E a gente vê por aí provas de Português — para fiscais de ICM ou funcionários de banco! — recheadas de testes de terminologia de Gramática. Tal palavra é composta por "aglutinação" ou "justaposição"? Tal outra funciona como "adjunto adnominal" ou "complemento nominal"? E a oração daquela é "coordenada explicativa" ou "subordinada causal"? Esse predicado é "verbal" ou "nominal"? Etc. Etc.

Provas de Português — que não sejam para professores de Português — devem é avaliar a capacidade de comunicação dos candidatos. Capacidade de OUVIR e FALAR, de LER e ESCREVER. Ler e ouvir — compreendendo bem ("decodificando corretamente a mensagem"). Falar e escrever — expressando-se com clareza e eficiência comunicativa ("codificando adequadamente a sua mensagem"). Se eliminarmos o ouvir-falar, impossível de verificar numa prova escrita, fica o ler-escrever. Não havendo lugar para a composição ou redação nas provas objetivas, a testagem dessa competência expressional é feita indiretamente: os candidatos devem saber distinguir entre frases bem ou malconstruídas, gramaticais e ingramaticais, aceitáveis e inaceitáveis, bem ou mal pontuadas, claras ou ambíguas, etc.

As regras de construção das frases que funcionam efetivamente hoje na comunicação culta — essas é que devem ser testadas nas provas de Português, e não as que, anacronicamente, sobrevivem em livros que desconhecem a realidade da língua viva, atual e atuante. Caso contrário, verificam-se absurdos como em concurso recente, onde, na prova de Português, os três primeiros foram... estrangeiros. Depoimento contra os nossos estudantes? Não, depoimento contra a prova: toda calcada numa linguagem livresca, ela só podia levar àquela avaliação absurda. Os primeiros lugares não foram para os mais capazes de comunicação efetiva em língua nacional, mas para os que nas vésperas tinham estudado a gramática-livro. Boa prova de Português...

PROVAS E GRAMATIQUICE Passo em revista algumas frases que foram dadas como incorretas, num concurso.

(1a) Prefiro uma situação mais modesta do que ocupar um cargo como o seu.

Gramáticas e dicionários insistem que o certo é (unicamente): preferir uma coisa a outra. Portanto:

(1b) Prefiro uma situação mais modesta a ocupar...

Acontece apenas que neste caso, como em tantos outros, dicionários e gramáticas exorbitam do seu papel de registrar usos. Não só na fala mas também na escrita ocorre "preferir do que" (aliás, acontece o mesmo "erro" em outras línguas). Explicação: quem rege o "errado" **do que** é o elemento semântico ("sema") "mais", subjacente.

(2a) Cabe-me cientificar-lhe que sua matrícula foi cancelada por falta de pagamento.

Gramáticas e dicionários só aceitam o fato lógico: cientificar quer dizer "tornar ciente": ora, a gente torna alguém/torna-o ciente de... Portanto:

(2b) Cabe-me cientificá-lo de que...
Verdadeiros registradores de fatos não deixariam de fora o uso cientificar alguma coisa a alguém, cientificar-lhe alguma coisa. Explicação: a semântica "tornar ciente" escorrega ao natural para "comunicar". Já aconteceu a outros verbos.

(3a) O promotor mandou proceder rigoroso inquérito para apurar o fato.
Aqui a prevenção é bem conhecida. O purismo livresco só admite a construção originária: a gente proceder a alguma coisa. Portanto:
(3b) O promotor mandou proceder a rigoroso inquérito...
Já os fatos não são tão comportadinhos, tão respeitadores das usanças de origem. Todo dia estamos ouvindo e lendo proceder (um) exame, proceder investigações, proceder inquéritos, devassas. E, afinal, se ali proceder significa "realizar, executar, levar a efeito", por que não proceder alguma coisa? E o uso passivo (ser procedido) — não prova nada?

(4a) É verdade que tu e ela viviam brigando.
A Gramática que todos conhecemos, aquela que impera nas escolas, em vez de trabalhar em cima de fatos, de usos e costumes, só sabe logicar e impor. Por exemplo, ainda acredita que **tu e X = vós**, pois... prevalece a segunda pessoa sobre a terceira. Portanto:
(4b) É verdade que tu e ela vivíeis brigando.
Ora, ora... Há muito que **vós** está morto no português brasileiro. **Vós** está fora de uso e, em conseqüência, fora de uso as formas verbais respectivas. Não?! Então, escutem: tu e ela brigáveis... tu e ela ides e rides... para que ela e tu venhais... Tu e ela supondes que tendes razão?
Ah, gramatiquices de concurso...
Até quando?

V
Apêndices

Apéndices

A REFORMA DA ORTOGRAFIA

A Sociedade Brasileira para o Progresso da Ciência realizou, em Salvador, Bahia, de 8 a 15 do corrente [1981], sua trigésima terceira reunião anual. Dentro da programação constava uma mesa-redonda, a cargo da Associação Brasileira de Lingüística, sobre Reforma Ortográfica: questão lingüística ou política?

A mesa-redonda teve lugar dia 13 sob a coordenação de Bernardette Gnerre, da Universidade de Campinas, com palestras de Miriam Lemle, da Universidade Federal do Rio de Janeiro, de Judith Freitas, da Universidade Federal da Bahia, e deste colunista, representando a Universidade Federal do Rio Grande do Sul.

Devo confessar que levei para a Bahia algum receio de conflito de opiniões. Afinal, um ponto de vista estritamente (estreitamente?) lingüístico poderia chocar-se frontalmente com o meu ponto de vista histórico-cultural da língua.

Aqui vai um sucinto relato da mesa-redonda.

Coube-me a primeira palestra. Parti de um fato: as grandes línguas do Ocidente, com toda a defasagem entre fala e escrita, não têm feito reformas ortográficas. Minha palestra esforçou-se para alcançar as razões dessa imutabilidade.

Defendi o ponto de vista histórico-cultural. A escrita, longe de ser um sucedâneo da fala, é a imagem visual das falas, força de unificação e perenidade — voam as falas, os escritos ficam. Indumentária comum das produções impressas do saber e da arte guardadas em bibliotecas, condomínios de nações e comunidades culturais, instrumento de coesão e estabilidade — a escrita deve mudar o menos possível. Uma língua — uma ortografia.

O problema ortográfico, rematei, é mero indício de outros problemas, mais fundos e mais graves: o péssimo ensino do idioma nacional, a má qualidade de todo o nosso ensino, e uma política cultural mal-orientada, se não inexistente. A questão não é reformar letras, e sim reformar a nossa política de educação e cultura.

Pois bem, minhas colegas lingüistas em seus trabalhos (escritos, como o meu), superando pontos de vista estritamente lingüísticos, chegaram a conclusões semelhantes. Com muita firmeza, demonstraram a sem-razão de se tentarem reformas ortográficas. Miriam Lemle chegou a dizer que reforma ortográfica para simplificar as coisas ao povo não passaria de gesto demagógico.

E era a vez do auditório. Certamente viria agora a contestação; afinal, Salvador com a SBPC fervia de contestadores. Surpresa: os pronunciamentos só vieram reforçar a posição conservadora da mesa, confirmando aliás palmas dadas durante as palestras.

Unanimidade do bom senso? Infelizmente não, pois levantou-se alguém para declarar a mesa desinformada do projeto de reforma ortográfica. Contestei na hora: nós falávamos de reforma ortográfica em geral, não descendo a este ou aquele projeto particular, em regra destituídos de bases técnicas. Com o consentimento da mesa, o reformador falou de seu projeto. O suficiente para o auditório sorrir de algumas ingenuidades — afinal, era uma assembléia de professores e alunos de Lingüística.

Lamentavelmente o soldado-de-passo-certo era gaúcho. Do interior. Confirmado: os projetos de reforma ortográfica só surgem em países subdesenvolvidos, não partindo das cabeças mais bem pensantes do interior de províncias de países subdesenvolvidos.

Passo a transcrever para cá o pronunciamento que fiz em Salvador, Bahia, na mesa-redonda que a Associação Brasileira de Lingüística promoveu dentro da XXXIII Reunião Anual da Sociedade Brasileira para o Progresso da Ciência: Reforma Ortográfica — Questão Lingüística ou Política? Minha posição se define desde o título:

ORTOGRAFIA ➜ QUESTÃO DE POLÍTICA CULTURAL E EDUCACIONAL

De tempos em tempos, como se fosse previsto ou fatal, surgem entre nós movimentos de reforma ortográfica. Vários fatores concorrem para isso; entre eles, primeiro, o inevitável e cada vez maior desajuste entre fala e escrita; depois, e em grande medida conseqüência, os problemas no ensino-aprendizagem da língua escrita, exacerbados com a assim chamada massificação do ensino. A ortografia acaba levando a culpa maior, feita símbolo de opressão — educacional, cultural, institucional. A libertação só se conseguirá com uma racionalização e simplificação da escrita.

Em momentos assim, o terreno está preparado para acolher quaisquer sementes reformistas. E é quando surgem os solucionadores de problemas com suas panacéias miraculosas. Toda a Gramática da língua em poucas normas. Hífen em duas regras apenas. Acentuação gráfica em três, duas e até numa única regra. Crase, abolida. Quanto a letras-problemas, projetos de reformas simplificadoras na base de uma-letra-para-cada-som.

Mas, será a simplificação da escrita, uma reforma ortográfica radical, a verdadeira solução para o problema do difícil ensino e do mau domínio do idioma nacional em sua modalidade escrita?

Prefiro começar minhas considerações refletindo nas lições que a História nos ministra. Assim, uma constatação inicial: as grandes línguas do Ocidente, malgrado o notório desajuste entre as respectivas modalidades falada e escrita, não têm feito reformas ortográficas (não levo em conta pequenas adaptações de palavras).

Essa imobilidade dos sistemas de escrita enseja algumas indagações:

1. Será coisa "simples" uma simplificação ortográfica?

2. Não terão, os sistemas de escrita, seu estatuto próprio, distinto daquele dos sistemas de fala?

3. Mantendo inalterados os sistemas ortográficos, mesmo consideravelmente defasados da fala, não terão as grandes línguas do Ocidente mais vantagens que desvantagens?

4. Não seria o problema ortográfico, dentro e fora da escola, mero sintoma de outros problemas, bem mais amplos, mais profundos e mais graves?

O trabalho que se segue constitui uma tentativa de perseguir algumas possíveis respostas a essas indagações.

***

1. Os reformistas ortográficos, de maneira geral, compartilham um critério de simplificação que aos menos bem informados tecnicamente só pode entusiasmar: escrever como se pronuncia, escrever de ouvido. Toda a informação cultural, etimológica — posta de lado.

Nesse sentido, porém, fica evidente a relação fala-escrita, ou seja, o sistema gráfico como mero espelho do sistema fônico. E isto, queiramos ou não, remete ao campo técnico da Lingüística — a ciência dos sistemas de comunicação verbal.

E assim, estamos diante de um primeiro problema, de ordem técnica, lingüístico: escrita de base fonética ou fonológica?

Uma escrita fonética — minuciosamente fiel a particularidades fonoacústicas, às realizações variadas de fonemas, regionais, sociais, contextuais, estilísticas, etc. —, uma escrita assim rigorosamente fonética é impraticável, contrária à idéia de simplicidade e uniformização.

Impõe-se portanto uma escrita fonêmica ou fonológica:

> "De um ponto de vista ideal, um sistema alfabético deveria ter uma correspondência de termo a termo entre fonemas e grafemas [não só as letras mas também outros sinais de escrita, enquanto entidades gráficas distintivas]. Isto é, cada grafema deveria representar um fonema e cada fonema deveria ser representado por um grafema" (Gleason, *Introducción a la lingüística descriptiva*. Madri, 1970).

Por simples que seja em comparação com a escrita fonética, uma escrita de critério fonológico não deixa de criar uma série de dificuldades. Um sistema fonológico é na verdade um conjunto de sistemas ou subsistemas: o sistema segmental, dos segmentos discretos vocálicos e consonânticos — sistema das vogais e sistema das consoantes —, e o sistema supra-segmental, sistema dos acentos, sistema dos tons e sistema das pausas. Não há no mundo sistema (orto)gráfico que represente na íntegra os fonemas supra-segmentais (os sinais de pontuação são apenas uma ajuda parcial). E mesmo na representação dos fonemas segmentais costuma haver deficiências, algumas bem conhecidas.

O sistema vocálico da nossa língua tem 7 (sete) unidades; a nossa escrita sinaliza apenas 5 (cinco) — e a lacuna se estende às máquinas de escrever. Como resolveria este problema, uma ortografia fonológica? Acrescentando mais sinais diacríticos (recorde-se o circunflexo diferencial)? Mas isto seria simplificar?

E a questão dos arquifonemas, com a neutralização de traços distintivos apagando fronteiras fonêmicas — opção entre e/i, o/u, etc.? E as variações regionais, sociais, etc. — "escrever como se pronuncia", como pronuncia quem? Sugerem como base uma pronúncia padrão. Não existe pronúncia padrão, por falta de critérios objetivos, lingüísticos. O que se tem conseguido — com notório artificialismo — é padronizar parcialmente a pronúncia de profissionais da comunicação (locutores de rádio e televisão) e atores. Um domínio lingüístico inteiro, jamais se conseguirá padronizar. Viva a variedade!

Será então coisa "simples" a simplificação da escrita através de um processo de bases fonológicas?

Uma rápida vista de olhos por uma transcrição técnica é suficiente para se constatar logo a inviabilidade também de ortografias estritamente fonológicas. Há uma contradição de raiz entre escritas dessa natureza e simplificação ortográfica.

Descartadas, assim, as soluções de uma escrita reformada em bases técnicas, fonética ou fonológica, restariam critérios mistos, mais ou menos intuitivos. A serem estabelecidos por quem?

Aos entusiastas fáceis de reformas ortográficas faria bem meditarem estas palavras de um cientista da linguagem:

> "A elaboração de uma ortografia (e a reforma ortográfica não é mais que um intento em escala reduzida) é uma questão difícil e complicada a respeito da qual por ora conhecemos demasiado pouco" (Gleason, *op. cit.*).

Mas será mesmo vantajoso, sequer necessário, prover sistemas simplificados de escrever? A esta pergunta espero responder mais adiante. Por ora, vamos deter a nossa atenção no fenômeno da escrita, sua natureza e funções.

2. A idéia de reformar sistemas ortográficos tradicionais a fim de os tornar mais coerentes e sistemáticos, em estrita relação fonema-letra (grafema), parece radicar numa noção falsa que urge refutar: a noção vaga de que a escrita seja mera função subsidiária da fala. O que se escreve seria o que alguém falou ou podia falar.

Não: a escrita possui estatuto próprio, distinto do estatuto da fala. A natureza, a função e a finalidade dos sistemas é que os definem e justificam, e também as diferenciam nitidamente.

A fala serve essencialmente para a comunicação cotidiana. A fala é para aqui-e-agora: para declarar, perguntar, pedir, mandar, exclamar, comentar, contar histórias, etc. Raro voa mais alto: aulas expositivas, conferências, palestras, defesas de fórum, discursos, sermões. Quantas pessoas precisam da língua para isso? E, as que precisam, em que proporção?

Não assim a escrita, que serve a finalidades bem menos prosaicas e fugazes. "Voam as falas, as escritas ficam." E é nesse ficar que as línguas atingem suas dimensões maiores. Somente em estágios adiantados de civilização e cultura (Mattoso Câmara Jr., *Dicionário de filologia e gramática referente à língua por-*

tuguesa, 1964) as línguas nascem também para a vida das letras. Com a indumentária destas, as informações, as ciências, os monumentos literários podem varar os tempos. Se a fala é para aqui-e-agora, a escrita é para aqui-e-agora e para todos os séculos.

Assim, por sua natureza e função específicas, a escrita provê às línguas permanência e estabilidade — o necessário ponto de referência, acrônico e atópico, para o movediço mundo da fala.

É a escrita que termina por assegurar às línguas um grande poder de unificação (Gleason, *op. cit.*), que as protege contra fragmentações dialetais e promove a união de nações e comunidades culturais.

Dar à escrita uma função meramente ancilar em relação à fala, não corresponde à realidade dos dois pólos de comunicação verbal. Infelizmente a Lingüística leva alguma culpa nesta questão, pelo fato de restringir seu objeto à linguagem como manifestação vocal: o sistema de signos orais como a verdadeira língua, a língua. Sem dúvida, o sistema dos signos verbais primário é o que possibilita a comunicação falada — primeiro na cronologia das pessoas e dos povos; primeiro e em muitíssimos casos único: pessoas morrem analfabetas e povos desaparecem ágrafos.

Mas a capacidade de comunicação verbal pode não se restringir a isso, como logo veremos.

O sistema primário da língua (oral), nos casos normais, é aprendido pela criança, para tanto dotada de aptidões biopsíquicas, entre os dois e os seis anos, garantem os lingüistas (cf., por exemplo, Charles F. Hockett, *A course in modern linguistics*, 1958). Trata-se nada mais e nada menos que da estruturação de uma "teoria lingüística" (Noam Chomsky, *Aspectos de la teoria de la sintaxis*. Madri, 1970, e "A linguagem e a mente", em Chomsky et al., *Novas perspectivas lingüísticas*, 1970); evidentemente uma teoria intuitiva, mas nem por isso menos perfeita, pelo contrário: a ciência está longe de conseguir explicitações plenas dessas teorias intuídas; teoria lingüística da gramática imanente da língua a cujos fatos a criança foi exposta, gramática interiorizada que a partir de então fica à sua disposição para fazer, interpretar e julgar quaisquer frases na língua.

É possível — e desejável em toda a sociedade desenvolvida — que o possuidor do sistema primário de signos verbais venha a aprender também um sistema secundário, o escrito. Sem discutir agora o processamento dessa aprendizagem, devemos convir que surge uma nova situação.

A língua, a partir de então, passa a ser um duplo sistema de signos verbais: sistema primário, de signos vocais, que facultou e condicionou a apreensão do sistema secundário, de signos gráficos. E fica a pessoa habilitada a comunicar-se por dois canais — o audio-oral: ouvindo/falando, e o visumanual: lendo/escrevendo. Uma *langue* subjacente, potencial dúplice de recepção e expressão de mensagens, e duas *paroles* de atualização, expressão oral e expressão escrita.

Dois sistemas combinados, se interinfluenciando, mas nitidamente diversos; naturalmente mais rico e sofisticado o sistema secundário, porque ligado a maior cultura, ciência e erudição, bem como a elaborações textuais mais complexas, acabadas e auto-suficientes, desassistido que é dos recursos extralingüísticos de que se vale a comunicação vocal *in praesentia*.

O que mais especificamente distingue fala e escrita é o aspecto funcional, determinado pelos fatores intervenientes nos atos de comunicação: remetente, destinatário, código, mensagem, contexto, contato (Roman Jakobson, *Essais de linguistique générale*. Paris, 1963), objetivos ou finalidades. Algumas das diferenças mais palpáveis: remetente e destinatário de nível cultural superior, escolarizados: ausência do destinatário, mensagens menos prosaicas, textos mais refletidos, maior nitidez dos signos, etc.

Um aspecto da linguagem escrita, porém, merece especial referência e exame mais detido: a presentificação e apreensão dos signos gráficos. Saussure (*Course de linguistique générale*. Paris, 1949) chama a atenção para o fato da linearidade do significante: a emissão do signo é necessariamente sucessiva e não simultânea. Isto se aplica também aos signos escritos na elaboração dos textos: o escrever letra após letra, palavra após palavra, é como o falar som após som, vocábulo após vocábulo. Não assim na recepção do texto: se o alfabetizando (ou algum mau leitor) decodifica penosamente o escrito, letra após letra, o leitor normal lê por extensões maiores. Nessa decodificação de bloco de texto, os signos marcados por espaços em branco — palavras ou combinações — deixam de ser construções alfabéticas para se tornarem verdadeiros ideogramas. O aperfeiçoamento dessa decodificação por amplos espaços textuais leva, como se sabe, à chamada leitura dinâmica. Esse caráter ideográfico da palavra escrita tem evidentes repercussões no ensino-aprendizagem da língua e, para o que aqui interessa, na problemática da ortografia.

Essas rápidas considerações parecem suficientes para patentear o erro de se ver a escrita como mero espelho, ou pior, servo da fala. E já que a escrita possui seu estatuto próprio, bem diverso do da fala, uma redução fonêmico-fonética da (orto)grafia seria tão falsa quanto a equação escrita = fala.

Infelizmente, a escrita não tem merecido o mesmo tratamento científico dado à fala. Espera-se que ao lado da ciência da linguagem falada se desenvolva também uma ciência da linguagem escrita, integralizando uma Lingüística total. A Lingüística do texto e a teoria da recepção já têm, de alguma forma, preenchido lacunas nessas áreas.

3. Atingido o nível civilizacional e cultural da escrita, assegurou-se à língua um poderoso instrumento de coesão, unidade e permanência. E passa a encarnar-se multiplicada em milhares de documentos manuscritos, datilografados e impressos. E o transcurso dos anos vai vincando, traço após traço, a fisionomia plástica definitiva de um idioma apto a uma comunicação uniforme e durável, acima de vicissitudes de tempo e espaço.

Sedimentada a forma escrita da língua em impressos e comunicações oficiais, instrumento básico de pesquisa e instrução, condomínio cultural de milhões de pessoas, comunidades e nações, traço de união entre passado, presente e futuro — será fácil, depois disso, admitir reformas ortográficas, algumas reclamadas aqui-e-agora para resolver problemas pedagógico-didáticos localizados, como veremos, em outras áreas?

A maioria dos condomínios dos sistemas de escrita, bem como as autoridades a quem compete zelar por eles, apesar de todas as defasagens em relação à fala sentem, em possíveis reformas, mais desvantagens do que vantagens.

A maior desvantagem de uma reforma radical, de ajuste fonético-fonológico, recairia sobre o mundo do livro e das bibliotecas. Do dia para a noite estaria cavado um abismo cultural. As pessoas alfabetizadas e escolarizadas pelo sistema reformado teriam forçosamente de aprender também o sistema anterior para terem pleno acesso à cultura e à ciência, a informações de toda ordem guardadas na escrita abolida.

Para as bibliotecas, que são a memória da Humanidade, as residências do saber e da arte, o ideal seria uma escrita perene. Uma língua — uma escrita. Por cima das mutações de fala, a perenidade da escrita, espelho da unidade lingüística subjacente. (Assim a língua inglesa pôde caminhar de [*nixt*] para [*nayt*], sem alterar o signo gráfico: *night*.) Nesse sentido deve ser interpretada a afirmação de Aurélio Buarque de Holanda Ferreira de que na nossa ortografia "já foram feitas modificações demais" (ESP); de fato, a escrita portuguesa remete menos a suas origens históricas do que outras línguas ocidentais.

Um sistema ortográfico perene causaria dificuldades? Nenhum sistema é difícil quando bem aprendido e manejado com freqüência.

Toda reforma ortográfica prejudica seriamente o mundo livreiro, perturba a atividade de todos os escritores e profissionais da escrita, e contribui para desorientar ainda mais o estudo e o treinamento da língua em todos os níveis de ensino.

Na Inglaterra, há poucos anos, uma comissão de especialistas nomeada pelo governo estudou a viabilidade de se reformar a ortografia da língua inglesa, muito mais defasada da fala. Mas, se a defasagem da nossa escrita não é grande, por que fazer reformas que, além do mais, seriam de efêmero proveito? Já que toda língua falada evolui incessantemente, o ajuste entre fala e escrita exigiria periódicas reformas. Na Suécia (Gleason, *op. cit.*) o reformismo adotado vê-se que não resolve, com os reajustes se sucedendo, praticamente uma reforma ortográfica a cada geração. Esse o tributo a pagar por quem pensa a língua escrita nas apequenadas dimensões de mero espelho da fala.

Já o fundador da Lingüística moderna, Saussure, viu corretamente a questão:

> "Haveria razões para substituir a ortografia usual por um alfabeto fonológico? [...] Para nós a escrita fonológica deve ficar a serviço exclusivo dos lingüistas [...] Os inconvenientes [duma escrita fonológica] não seriam compensados por vantagens suficientes. Fora da ciência a exatidão fonológica não é muito desejável" (Saussure, *op. cit.*).

Um dos grandes inconvenientes de uma reforma ortográfica radical, para a nossa língua, seria a ruptura de laços com o mundo da escrita ocidental.

É preciso não perder de vista que a língua portuguesa integra comunidades culturais; em primeiro lugar, pertence à família lingüística românica ou neolatina. Ampla base lexical comum, herdada do latim — na forma escrita, vestida de um alfabeto próprio —, dá a essas línguas uma fisionomia gráfica também comum, documento do parentesco lingüístico. A essa base acresce um considerável contingente grego, sobretudo em nomenclaturas técnicas. E isso não vale apenas para as línguas românicas, pois todos sabem que a língua mais expandida hoje, o inglês, compartilha grande parte desse léxico. Isso dá às grandes línguas do Ocidente uma fisionomia greco-latina, mais palpável no nível da escrita.

Imagine-se então a figura destoante que faria o português no mundo das letras por efeito de uma reforma fonético-fonológica: sélebri — ao lado de célebre (esp.), célèbre (fr.), celebre (it.), celebrated (ingl.); sidadi — ciudad (esp.), cittá (it.), city (ingl.); sentru — centro (esp.), centre (fr.), centro (it.), center (ingl.); xocolati — chocolate (esp.), chocolat (fr.), chocolate (ingl.), schokolade (al.); xinês — chino (esp.), chinois (fr.), cinese (it.), chinese (ingl.), chinese, chinesisch (al.); etc.; etc.

Algumas grafias seriam de um ridículo analfabético, dada a internacionalidade das formas: assim "garage", que é a forma usada por espanhóis, franceses (naturalmente, pois criaram a palavra), italianos, ingleses, alemães, etc., teria a triste figura "garaje(n)"...

Tem toda a razão o prof. Antônio Soares Amora (ESP): "As ortografias são estabelecidas com bases em fatos históricos (de caráter fonético, prosódico, etimológico). Mas também são estabelecidas em similitudes lingüísticas internacionais. Quer dizer, não se pode, do ponto de vista lingüístico, dentro de convenções internacionais, de caráter científico, desfigurar de tal modo a ortografia portuguesa que não se reconheça, na grafia de uma palavra, parentesco com as línguas irmãs".

Nenhuma língua, no contexto cultural de hoje, pode pensar numa política de idioma solipsista. Certamente esse seja um dos grandes motivos para não se fazer reformas ortográficas.

Em contrapartida de tantas e tamanhas desvantagens, os adeptos da reforma conseguem ver nesta duas grandes vantagens: a facilidade na alfabetização e a diminuição dos problemas ortográficos, sobretudo na escola. A consideração disso já nos leva à questão seguinte.

4. A ortografia da língua portuguesa é muito complicada, dificulta por isso a alfabetização do povo e o seu acesso à leitura, causa inúmeros problemas de escrita à maioria das pessoas, desgosta os alunos de escrever e aos professores faz perder muito tempo no ensino das regras da escrita correta. Razões suficientes para justificar uma reforma ortográfica radical, segundo pensam os reformistas. (A elas há quem acrescente a razão "patriótica" de que uma reforma de escrita baseada em nossa fala real nos daria enfim a "língua brasileira" — como daria, na América do Norte, a "língua americana". Ninguém precisa refutar um tal disparate lingüístico, bem ao nível do saber de gente improvisada em áreas técnicas.)

Dificuldades na alfabetização e no ensino da língua sempre houve. E não será uma reforma de letras que as irá eliminar. Um novo sistema de escrita também deverá ser ensinado e aprendido. E não deixará de criar problemas. Estes derivam sempre da falta de familiaridade com as letras. Só há dificuldades ortográficas com palavras que não se conhecem bem de vista. Se as desconhecidas são muitas, se se multiplicam as cacografias, o diagnóstico é um só, e singelo: falta de leitura. Justamente por esta falta é que a ortografia constitui hoje um problema mundial. Uma geração que não lê, ou lê menos do que devia, é punida com a humilhação dos erros de ortografia. Também gente letrada comete cacografias, e nisso delata a mesma humilhante origem.

Difícil dominar, ensinar a ortografia tradicional? "Muito mais difícil é dominar o pensamento e a linguagem matemática que a ortografia portuguesa; portanto, enfatizar essa dificuldade e dramatizá-la sabe um pouco a demagogia" (Antônio Soares Amora, ibid.).

Diante dos erros que se repetem, repetem os professores as suas lições de ortografia. Inutilmente. Ortografia não se ensina, grava-se lendo e escrevendo.

Ortografia não se ensina? Restrição descabida: língua não se ensina, exercita-se. Aprende-se ao natural e se fixa com o exercício. Uma evidência, para a qual nos alerta a Lingüística moderna. A criança, como vimos, entre dois e seis anos elabora a teoria (gramatical imanente) da língua a que é exposta. Ora, se a criança, ao natural, interiorizou o sistema lingüístico primário da fala, por que não será capaz de interiorizar o sistema secundário da escrita? Condição indispensável: a exposição aos fatos. Há óbvias diferenças, como a fase de alfabetização — com a apreensão da relação do signo gráfico: signo vocal — e o fato de as estruturas sintéticas escritas, embora no essencial repitam as da fala, tenderem a extensões e complexidades maiores.

Para quem nos primeiros anos de vida se adonou de um sistema lingüístico, será difícil assimilar a respectiva forma escrita? Dificuldades só podem surgir de uma única causa: a falta de exposição aos fatos da escrita. Na enorme desproporção entre ouvir/falar e ler/escrever é que reside toda a explicação das deficiências ortográficas. Não é a ortografia, por mais defasada da fala, o verdadeiro problema, e sim a falta de familiaridade com as letras, a falta de leitura e da prática de escrever.

***

As línguas se aprendem intuitivamente e tanto melhor quanto mais freqüente e livre for a exposição aos fatos, e quanto melhores forem estes. Esta verdade lingüística força uma dedução pedagógico-didática da mais alta importância: todo o nosso ensino de língua deve ser reformulado. É preciso, urgente, aprender e seguir a lição da vida: qualquer pessoa é apta a aprender qualquer língua por si, com seus poderes interiores; basta multiplicar-lhe a exposição aos fatos lingüísticos e, na escola, repetir treinamentos. O ensino explícito, de regras dificilmente recobre com exatidão o sistema de regras intuído, e por isso é inútil, quando não pernicioso, levando a deduções errôneas.

Com plena confiança na competência lingüística — a gramática intuída — do falante nativo, o futuro professor de língua vernácula usará o tempo de suas aulas em leituras, interpretação de textos, exercícios de redação, de variação expressional, treinamentos de comunicação oral (quantos esquecem!) e escrita, etc. Gramática — somente essa observada na língua em funcionamento, as regras induzidas da construção das frases e do comportamento formal das palavras; gramática induzida e intuitiva. Saber a língua significará ser um conhecedor prático de seus segredos expressionais — matizes de significação e expressividade, recursos diversificados de dizer e escrever.

Um ensino dessa natureza porá professor e aluno em colaboração, ambos a operar com uma competência lingüística compartilhada; jamais um dando regras (e exceções), o outro decorando. Tal ensino, está claro, será muito mais educação do que instrução.

Uma Gramática intuicionista, um ensino intuicionista da língua — sei que pareço delirar... Mas eu, nós todos, os brasileiros todos precisamos acreditar que os nossos netos enfim poderão verdadeiramente estudar, pesquisar a sua língua. A sua língua primária, de expressão oral, e principalmente a sua língua secundária, de expressão escrita, para enriquecerem culturalmente aquela, e assim dominarem plenamente seu mais puro instrumento de libertação.

***

E eis como, sem perceber, derivamos da ortografia para o ensino total da língua, e para o ensino em geral. Não só: a área aparentemente modesta do ensino da língua portuguesa não pode ser desligada da ampla área da educação e da cultura.

Não nos enganemos: a questão problematizada não é a ortografia. Os problemas nesta área não passam de conseqüência e não poderão ser resolvidos enquanto perdurarem as causas.

A questão é um ensino de língua mal-orientado — a língua materna ensinada como se fosse língua estrangeira; professores partindo do pressuposto de que o aluno não sabe a língua.

E o ensino da língua padece, além disso, porque todo o ensino está mal-orientado. Um ensino sem pesquisa, sem prática, sem ajuste à vida — alienado e alienante. Um ensino sem apelo à criatividade e sem exercício do espírito crítico.

Aos clamores por simplificações ortográficas subjaz um clamor mais fundo e mais grave: o clamor por toda uma reformulação do ensino, que comece por uma verdadeira pesquisa e estudo cultural da língua, já que esta é o veículo de todo conhecimento, instrução e aprendizagem.

A reforma ortográfica pode esperar. Há reformas bem mais urgentes que, levadas a cabo, mostrarão aquela até desnecessária.

A estarrecedora maioria dos brasileiros continua não tendo acesso à escrita ou, mal e mal-alfabetizados, nunca mais farão uso dela. A regressão ao analfabetismo bem mostra que o povo, muito mais que de letras, carece de mínimas condições sócio-econômico-culturais.

Do outro lado, os brasileiros cultos, no "elitismo" da escrita, não sentem dificuldade no uso das formas ortográficas, por mais complicadas ou defasadas, uma vez que foram naturalmente introjetadas pela leitura e pelo exercício da escrita.

Assim, nem cultos nem incultos clamam por reformas ortográficas. Quem clama é, aparentemente, uma minoria de diletantes ou de professores incompetentes que, não sabendo encaminhar corretamente o estudo cultural da língua, sonham com simplificações mais ao nível da sua incompetência que da natural capacidade lingüística dos alunos.

Não somos, em primeiro plano, deficientes ortográficos, mas deficientes culturais. Nossa necessidade mais premente não é reformar letras, e sim reformar a nossa política de educação e cultura, ajustá-la às carências vitais e humanas do povo brasileiro.

Desenvolvimento cultural arrasta consigo o desenvolvimento lingüístico, ortografias simples ou complexas incluídas.

ANÁLISE DO PORTUGUÊS DE UM ESCRITOR: A LINGUAGEM DE PAULO EMÍLIO

Cinco anos após a surpreendente estréia do crítico de cinema Paulo Emílio (São Paulo, 1916-1971) na ficção, a Nova Fronteira lança a segunda edição de *Três mulheres de três PPPês* (Rio de Janeiro, 1982; 1ª ed.: São Paulo, Perspectiva, 1977).

Não vou escrever sobre a alta qualidade artística da obra, mesmo porque isso foi feito pelo crítico literário Roberto Schwarz em excelente prefácio — vinte e duas páginas que vejo como modelo de crítica literária, crítica que sabe ver o conteúdo na sua FORMA. Coisa bastante rara, quando o comum é digressionar sobre conteúdos, idéias, conflitos, histórias, sociologias, estruturas, psicologias, personagens, semiologias e outras lateralidades.

Aqui é território de linguagem, de língua portuguesa. Então eu vou me restringir a alguns traços interessantes da linguagem desse grande livro.

O senso de equilíbrio e ritmo da frase, a concisão e a malícia do dizer, bem como o domínio expressivo das palavras, fazem desse prosador um verdadeiro clássico da língua. Daí a importância das lições que se pode retirar do texto, sobretudo quanto a uma contribuição para o estabelecimento da norma culta brasileira da língua portuguesa.

Aparentemente, Paulo Emílio ignorava as miudezas caturras do nosso purismo gramatical — ignorava, ou então não lhe fez a mínima concessão. Tanto melhor! Tanto mais autênticas as lições da sua linguagem, fiel apenas à sua gramática interior, à verdadeira e viva gramática do português brasileiro.

Além disso, também aparentemente, não houve aí ninguém para "corrigir" o texto original — coisa normal entre nós, onde escritores incompetentes e inseguros no seu instrumento não dispensam a toalete gramatical, executada por revisores impiedosos.

Por que "aparentemente" ninguém "corrigiu" o texto? Porque escaparam, conseguiram escapar, ilesas flexões verbais como **convi** e **intervi**:

(1) "Falava constantemente há quase meia hora quando **intervi** para dizer que [...]" (1ª ed., p. 79).

(2) "perguntava se era adequado o emprego da expressão triarquia. **Convi** que não [...]" (1ª ed., p. 98).

E note-se que a segunda edição manteve essas formas (respectivamente, pp. 132 e 138), embora tenha feito correções, sobretudo ortográficas: **cincoenta** (1ª ed., pp. 9 e 32) e **cinqüenta** (2ª ed., pp. 35 e 63); **sangue frio**, "impassibilidade..." (1ª ed., p. 67) e **sangue-frio** (2ª ed., pp. 115-6); **entabolar** (1ª ed., p. 89) e **entabular** (2ª ed., p. 146).

Ortografia é mera convenção, disciplina externa. Então, está certo fazer correções de letrinhas, acentos e hifens. No resto não se devia mexer. Vocábulos, flexões, regências, concordâncias, vírgulas — tudo deve ser da responsabilidade exclusiva de quem assina o texto. Cada um assuma a sua linguagem, com as suas características — positivas e negativas. Com seus acertos e desacertos. Mesmo erros de linguagem — cada um assuma os seus. Aliás — e estou cansado de repetir —, isso de erro é muito relativo. Muitos erros são efeitos de "regularização", ajustamento a um sistema de regras inconsciente. Como aqueles **convi** e **intervi**: formas "regulares" da 3ª conjugação (compare **conferi** e

intuí), na mente do escritor, na hora de escrever, sobrepujaram as formas "irregulares" **convim** e **intervim**.

Um texto assim, espontâneo, autêntico — sem melhoradas de revisão... —, cresce em interesse lingüístico e mesmo, segundo convicção pessoal, em valor artístico. O menos que se pode dizer é que começa do começo: é um texto-verdade.

***

Outras correções foram feitas da primeira edição para a segunda: **abraçávamos-nos** (1ª ed., p. 54) >> **abraçávamo-nos**, por uma regra de colocação pronominal à lusitana. Como brasileiro diz "nos abraçávamos", ou, mais singelamente, "a gente se abraçava", uma ênclise dessas ("abraçávamos nos" >> "abraçávamo-nos") só pode ser interiorizada artificialmente. Resultado: qualquer cochilo e...

Nada a haver ("como se eu não tivesse nada a haver com aquela história", 1ª ed., p. 99) >> nada a ver (2ª ed., p. 161). Interpretação gráfica equivocada do som: [nada a ver] tanto pode ser a pronúncia de "nada a ver" como a de "nada a haver". As duas subjacências convergem para a mesma superficialização oral, por efeito de fusão de vogais (crase): [nada a ver], [nada a a ver] >> [nada a ver] >> [nada ver].

Meras correções ortográficas foram as de acentos graves indevidos no **a** — "chegou para mim à hora crucial" (1ª ed., p. 85), "que a leva [...] à consultórios" (1ª ed., p. 86) >> "chegou para mim a hora crucial" (2ª ed., p. 140), "que a leva [...] a consultórios" (2ª ed., p. 142) — e de um **porque** em **por que** (preposição + pronome interrogativo): "esclarecer porque motivos" (1ª ed., p. 48) >> "esclarecer por que [= quais] motivos" (2ª ed., p. 89).

Todos esses lapsos evidenciam que Paulo Emílio escrevia "de ouvido". Tanto maior a autenticidade dessa linguagem e a importância do seu estudo.

Correção desnecessária: "A falta de sono era devido à angústia" (1ª ed., p. 60) >> "A falta de sono era devida à angústia" (2ª ed., p. 106). Tipo da correção purística, daqueles que só aceitam **devido** como particípio, rejeitando o uso preposicional. Há muito que se consagrou devido a como "locução prepositiva", equivalendo a "por causa de": a falta de sono era por causa da angústia = a falta de sono era devida (= devia-se) também é correto, como sintaxe primitiva. Mas esta não autoriza ninguém a perseguir sintaxes evoluídas. O que eu não sei é se a "correção" foi do autor ou de algum revisor gramaticalista.

O que a revisão não podia ter deixado passar foi um lapso na contagem de fonemas/letras: "Me chamo com efeito Polydoro, combinação favorável de cinco consoantes e três vogais" (1ª ed., p. 33; 2ª ed., p. 69). Claro que temos aí empate: quatro consoantes × quatro vogais — /polidoro/ = /CVCVCVCV/. Possivelmente o desenho exótico do ípsilon, letra banida do nosso alfabeto normal, foi o que induziu a erro o autor, tanto que a frase prossegue nestes termos: "mas cuja relação a nova ortografia altera" (ibid.).

***

Como se observa, foram mínimas as correções feitas ao texto primitivo. Praticamente só ortográficas. Ainda bem. Certamente, revisores gramaticalistas teriam ampliado a tarefa corretiva, em defesa de um vernaculismo conservador. Como deixar passar palavras ainda não dicionarizadas, regências populares, misturas de tratamento, tantas infrações de regras da Gramática tradicional?

Pois justamente fatos como esses, desvios da linguagem "vernácula" é o que nos interessará neste estudo. Afinal, eles apenas (com)provam que a língua continua — porque a vida continua.

Alguns traços que mostram total despreocupação do escritor por aquilo que prescrevem gramáticos puristas. Indico as páginas da primeira edição (1977) e da segunda (1982), nesta ordem.

1. Usa a combinação "e etc.", da fala vulgar, reprovada pelos conservadores: "Essa locução encerra a conjunção **e**, razão esta que condena [...] o emprego dessa conjunção antes do **etc.**, sendo muito errado dizer: [...] peras, maçãs e etc." (Napoleão M. de Almeida, *Gramática metódica da língua portuguesa*, São Paulo, 1973). "O que não se deve dizer de forma nenhuma é **e etc.**" (Ernani Calbucci, *Léxico de dúvidas de linguagem*, São Paulo, s. d.).

(3) "Amazonas capital Manaus, Pará capital Belém, Pedro Álvares Cabral, Duque de Caxias, Floriano Peixoto **e etc.**" (pp. 60 e 106).

2. À luz da lógica baseada na origem (latim *et* = e), "e etc." contém naturalmente redundância. Outra redundância perseguida pelos puristas é **e nem**, já que **nem** equivale a **e não**: "Como a conjunção nem equivale a 'e não', é hoje condenada a anteposição do **e** ao **nem**" (Napoleão M. de Almeida, *op. cit.*, p. 313).

Paulo Emílio escreveu com naturalidade:

(4) "seus nomes não estão em capas de livros **e nem** os retratos nos cartazes dos procurados pela polícia" (pp. 99 e 161).

3. Usa variantes, formas inovadas por analogia, consideradas "corruptelas" pelos puristas: **cataclisma**, **destrinchar**, em lugar das formas originárias **cataclismo** e **destrinçar**:

(5) "Poucos como eu se dispuseram a ser tão bom marido, esta foi a origem do **cataclisma**" (pp. 36 e 72).
(6) "Tentei **destrinchar** o complexo de abreviaturas que dificultavam enormemente a leitura" (pp. 68 e 117).

4. Emprega sistematicamente as combinações **do**, **dele**, **deste**, etc. diante de orações infinitas, lá onde os puristas querem que o correto seja **de o**, **de ele**, **de este**, etc. Exemplos:

(7) "Esperou em vão apesar da pausa ter sido longa" (pp. 90 e 147).
(8) "A circunstância dela nunca entrar na piscina facilitou a manobra" (pp. 37 e 74).
(9) "Não atribuo o malogro exclusivamente à circunstância dessas senhoras não estarem estreando" (pp. 68 e 142).

5. Mistura de tratamentos, **tu** e **você**, tão típica da linguagem comum brasileira:

(10) "Desde ontem **te** examino procurando adivinhar se meu filho envelhecido seria parecido com você" (pp. 29 e 64).

"Corrigidos" esses textos pela bitola ortodoxa da Gramática tradicional, desapareceria o tom oral que caracteriza o livro. Tratando-se de narrativas em primeira pessoa, à maneira de memórias, a oralidade tem uma função estilística decisiva. E é o que explica outros fatos, como "daí três ou quatro dias" (pp. 11 e 38) (cp. "daí a uns quatro ou cinco dias" nas mesmas páginas); "todos meus sentimentos" (pp. 18 e 48); "fiel amigo de toda vida" (pp. 40 e 78); "a partir de oito da manhã" (pp. 41 e 79), com a omissão do artigo, típica da nossa fala. Expressões tipicamente orais: "curioso e fuçador" (pp. 94 e 153); "Vai ver o homem gostava da minha mulher" (pp. 50 e 93). A marcada oralidade de *Três mulheres de três PPPês* não impede o tom culto do texto no geral. É que se trata da fala, das memórias de um intelectual. Isto ressalta da sintaxe bem como do léxico.

Assim, talvez esperássemos da boca do personagem-narrador a palavra **estadia**, e nos surpreendemos que só diga a variante culta, primitiva, **estada**:

(11) "A piscina continuava animada mas os valhos abreviaram suas **estadas**" (pp. 48 e 89).

(12) "Sempre ela me acompanha, esforçando-se em motivar ao máximo a sua própria **estada**" (pp. 83 e 137).

É como se, neste caso, o escritor conhecesse e acatasse a distinção vernaculista tradicional.

***

GÊNERO Sabemos que, quando não se trata da oposição macho/fêmea, a distinção "masculino"/"feminino" é de mero arbítrio lingüístico e, por isso mesmo, sujeita a variações e alterações no tempo e no espaço. Já tivemos "o linguagem português", "o flor", "o couve" e "a fim", "a mar" (preamar = preia mar = cheia mar), "a vale", etc.

Assistimos hoje a vacilações na atribuição do gênero gramatical a substantivos como **cal** (Praia da/do Cal), **champanhe** ou **champanha** (vacilação também na forma), **clã**, **comichão**, **diabete** ou **diabetes**, **omoplata**, **personagem**, **tapa**, **telefonema**, **usucapião**, etc.

No texto de Paulo Emílio tínhamos "uma champanhe" (p. 13) e "o champanhe", "esse champanhe" (p. 23), na primeira edição. Na segunda edição (revisão do autor ou da editora?), mudou-se o feminino em masculino, "um champanhe" (p. 41), para uniformizar.

Comichão, feminino ou masculino? De origem, latim *comestione*, feminino — a, uma comichão —, como de regra os deverbais em -*(i)done*- (cf. gestão, questão, interrogação, interrupção...). Mas muita gente usa como masculino, talvez por aumentativo: sentir um comichão.

O personagem P do nosso escritor confirma esse masculino evoluído:

(13) "Posso apertar sua mão sem ser tomado pelos comichões que me afligem à simples vista do Hospital das Clínicas" (pp. 87 e 143).

(14) "Se ainda estivesse vivo e clinicando, para evitar o consultório e os comichões marcaria um encontro na livraria ao lado" (pp. 99 e 160).

Interessante registrar que tanto o Aurélio (*Novo dicionário da língua portuguesa*) como o Vocabulário Ortográfico da Academia (1981) só dão o substantivo como feminino. E só refiro estas fontes porque está claro que nos outros dicionários e vocabulários também só se dá o gênero feminino.

Personagem, vocábulo que tomamos ao francês, onde é masculino, *le personnage*, Paulo Emílio empregou no feminino, solução de aportuguesamento gramatical, já que nossos substantivos em **-agem** são desse gênero (mesmo aqueles que o francês nos deu masculinos: a garagem, a maquilagem...):

(15) "A introdução de novas personagens faria com que a história corresse o risco de se tornar fastidiosa" (pp. 98 e 159).

E note-se que se tratava de homens: "Quisera saber se nós três tínhamos sido os únicos homens importantes de sua vida" (ibid.).

Sabemos que o substantivo **presidente** admite a feminização **presidenta**. Conferir nas gramáticas, no Vocabulário da Academia (1981), e no Aurélio: "**Presidenta**. 1. Mulher que preside. 2. Mulher de um presidente". Um feminino feito à imagem de antecedentes como "governanta" e "parenta". Raros. No Vocabulário da Academia, **clienta**, que nunca ouvi. A preferência hoje é não flexionar nomes em **-nte**. Regra que aliás se estende para a terminação em **-e** (com a exceção conhecida de mestre/mestra).

O nosso escritor comprova a preferência atual:

(16) "A Presidente não encontrou tempo para recebê-la mas um estudante de Direito, secretário da Associação, explicou-lhe [...]" (pp. 57 e 103).

***

REGÊNCIA 1. Emprego do verbo **ter** impessoal em lugar de **haver**, no sentido de "existir, achar-se, encontrar-se":

(17) "forcei minha imaginação a ver o que tinha na sala" (pp. 74 e 126).

Emprego eventual, pois formalmente o autor usa **haver**, como aliás se observa na própria frase de que extraí a passagem acima: "Tive curiosidade de ver o que havia por detrás, fiz um pouco de trapaça com a vagabundagem, forcei minha imaginação etc.".

2. Verbos de movimento com a preposição **em** introduzindo complemento de direção:

(18) "chegava na frente da minha casa" (pp. 74 e 126).
(19) "Uma tarde, ao chegar em casa" (pp. 49 e 90).

"Chegar a casa", no Brasil, soaria inusitado, um forte lusismo.

É verdade que, no caso deste verbo, pode-se ver uma diferença entre (a) chegar a um lugar e (b) chegar em um lugar, isto é, chegar seguido de um "complemento" de direção (a) e de um "adjunto" de lugar (após o movimento) — lugar aonde/lugar onde.

Chama a atenção que um "chegar em" da primeira edição foi alterado para "chegar a" na segunda (como nos outros casos de alterações, ignoro a autoria desta):

(20) "Viajei tão aturdido que só ao chegar em São Paulo (1ª ed., p. 15) / chegar a São Paulo (2ª ed., p. 43) lembrei que naquele dia fizera vinte e cinco anos."

Também usa "chegar a", como na própria frase de que faz parte o fragmento (18): "o barulho da rua que chegava ao terraço".

3. O verbo **agradar** como transitivo direto, "agradar alguém, agradá-lo", nas acepções de "fazer agrados a, mimar, acarinhar..." e "contentar"...:

(21) "as mulheres deles, essas cunhadinhas vira-latas que você tanto agrada, têm inveja de Hermengarda" (pp. 39 e 77).

Trata-se hoje de um brasileirismo (cf. Aurélio, *Novo dicionário da língua portuguesa*; Luiz Carlos Lessa, *O modernismo brasileiro e a língua portuguesa*), embora de antecedentes clássicos, como documentou Antenor Nascentes (*O problema da regência*) com Vieira e Bernardes.

4. O emprego do verbo **custar** — "ter dificuldade; demorar, tardar" — com sujeito humano — inovação sintática brasileira: algo custa a alguém / alguém custa a algo (oração infinitiva):

(22) "Custo a memorizar abreviaturas ou siglas" (pp. 50 e 92).

Na sintaxe primitiva teríamos: custa-me memorizar...; e numa primeira inovação: custa-me a memorizar (cf. Heráclito Graça, *Fatos da linguagem*).

5. O verbo **obedecer** com objeto direto **pessoa**: obedecer a alguém, obedecer-lhe / obedecer alguém, obedecê-lo. Outro brasileirismo que sobrevive a uma regência arcaica (cf. *Dicionário Morais*).

(23) "Apesar de minha excelente saúde, obedeci-o [professor] sem relutar" (p. 11).

É uma passagem da primeira edição que sofreu revisão na segunda: "obedeci sem relutar". Intransitividade do verbo; ou elipse (subentendimento) do objeto direto, também típica da sintaxe brasileira.

6. Despronominação de verbos reflexivos como **esquecer-se** e **lembrar-se**:

(24) "Esqueci do que falamos durante esse encontro breve" (pp. 16 e 45), por "esqueci-me do que falamos [...]".
(25) "Só ao chegar a São Paulo lembrei que naquele dia fizera vinte e cinco anos" (2ª ed., p. 43). Isto é: "lembrei-me de que [...] fizera [...]".

7. Semelhante à regência "pedir a alguém **para**...", rejeitada pelo purismo conservador, que só admite "pedir algo a alguém, pedir a alguém que..." e a do verbo **recomendar** nesta frase:

(26) "Recomendei ao mordomo para ninguém entrar no quarto da senhora" (pp. 61 e 103) — "Recomendei [...] que ninguém entrasse [...]".

8. A inovação regencial do verbo **propor** na forma reflexiva (propor-se algo (= propor algo a si) / propor-se a algo, onde algo é uma oração infinitiva) também ocorre no texto emiliano. Ao natural — pois é sintaxe brasileira espontânea hoje.

(27) "Esses dois pontos, [...] meu sentimento de ser jovem e a virgindade de Ela, embaraçaram a nossa noite de núpcias [...], no fim da qual não fora atingido o objetivo a que se propõe" (pp. 77-8 e 129-30).

Descontada a imperfeição efetiva da frase, temos aí "propor-se a um objetivo" em lugar de "propor-se um objetivo". Os logicistas da Gramática Normativa só aceitam esta construção como correta. "Correto", para eles, naturalmente, é o mesmo que "lógico"; propor algo para si; se algo = objetivo, então propor um objetivo para si = propor-se um objetivo. Esquecem, ou ignoram *tout court*, que as línguas obedecem uma lógica estrutural ou sistêmica, onde as soluções, muito mais do que lógicas, são analógicas e psicológicas.

O novo propor-se, para exemplificar, assume o molde estrutural de verbos como destinar-se, inclinar-se, aventurar-se, ou ainda, com a força do cognatismo, (pre)dispor-se.

Muito me admira que até uma mentalidade erudita, esclarecida e liberal como a de José Guilherme Merquior seja capaz de ver nesta espontânea inovação regencial — mais do que consagrada, aliás — um "mulambo sintático" ("A lepra lingüística", *Jornal do Brasil*, 4-1-83, p. 11; o exemplo que dá é "O esforço a que o candidato se propõe"). Penso que o fato dessa sintaxe ocorrer na linguagem de Paulo Emílio, um vestuário do pensamento de aristocrática elegância, é suficiente prova de não se tratar de nenhum "molambo".

O mesmo **a** de um molde sintático subjacente acabou se insinuando em "impor-se algo":

(28) "contrastava o dolorido constrangimento a que se impunha, com a impetuosa alegria do prazer sexual" (pp. 20 e 51).

Sintaxe originária: ela se impunha um constrangimento, o constrangimento que ela se impunha. Na sintaxe originária "haver/ter muito que + infinitivo", o **muito** (determinativo de um substantivo genérico zero: muito negócio, muito troço, muita coisa...) é objeto direto de **haver/ter**, e o **que**, pronome relativo (representante do substantivo zero, por isso chamado às vezes "pronome relativo indefinido"), é objeto direto do infinitivo. Isto é: [[ter + muito] [que + ( ) + Inf]]. Como se vê, originariamente nenhum lugar para um **o**.

Lembro agora que construções como "Sei que lês" geraram ambigüidades: (a) Sei que (coisas) lês, e (b) Sei isto, que lês (coisas). Isto é: em (a), **que** pronome interrogativo, e em (b), **que** "conjunção integrante". Para obviar a ambigüidade, a língua reforçou o interrogativo — **que** [+ Interr...] / **o que** [+ Interr...] —, evitando que pudesse ser interpretado como "conjunção integrante": (a) Sei que lês / (b) Sei o que lês.

Esse pronome interrogativo reforçado expandiu-se depois também para a interrogação direta: Que lês? / O que lês?

Penso que na evolução sintática "haver/ter muito que + Inf" / "haver/ter muito o que + Inf" está presente a mesma necessidade de desambiguação. "Tenho muito que ler", por exemplo, também é ambíguo: (a) Tenho muito (= muitas coisas) que ler, e (b) Tenho muito que ler (coisas). Isto é: em (a), **que** pronome relativo, e em (b), **que** feito preposição, em lugar de, "ter que" = "ter de" (dever, precisar).

9. A noção de molde sintático subjacente serve também para explicar um "ansiar em" em lugar de "ansiar por", "ansiar de" ou "ansiar" simplesmente:

(29) "Ansiei em me comunicar imediatamente com alguém, fosse quem fosse, quando Hermengarda entrou" (pp. 41 e 79).

No caso do verbo **ansiar**, na frase acima, deve ter influído o molde regencial de "ânsia em".

10. Os estudiosos de questões gramaticais da nossa língua sabem da insistência com que se tem perseguido o uso da preposição **a** nas construções morar/morador ou residir/residente/residência à rua X, situado/sito à rua X, ou simplesmente à rua X. Napoleão Mendes de Almeida (*Dicionário de questões vernáculas*) trata da questão num verbete intitulado "Traquinice de regência" (!) — isto em 1981, no entardecer do século xx.

Brasileiro fala e escreve "à rua X", e não "na rua X". Explicações (e não reações) para essa regência pode-se ler em Mattoso Câmara Jr. ("Um caso de regência", *Ensaios machadianos*, 1962).

Paulo Emílio, a exemplo de Machado de Assis, escreveu, com sotaque brasileiro, à rua:

(30) "Fomos ao seu consultório à rua Marconi" (pp. 79 e 132).

11. Verbo **implicar** — "fazer supor, pressupor" e "envolver, importar". Neste caso, onde o português brasileiro inovou com a regência "X implica em Y", curiosamente o nosso escritor segue a sintaxe originária "X implica Y":

(31) "por si só não bastam pois implicam um entendimento prévio" (pp. 38 e 74).

(32) "essa idéia implica a de que a coisa tivera em algum tempo uma significação" (pp. 62 e 109 — na primeira edição, em lugar de **a** saiu **e**, evidente lapso).

12. "A começar de", em lugar de "a começar por" ou "a começar com", deve seguir o modelo de "a partir de":

(33) "agente secreto, encarregado do controle de personalidades paulistas a começar do governador" (pp. 50 e 92).

Outra explicação estaria no contexto: "do controle de...". Tampouco se pode esquecer que "começar de" é regência arcaica e clássica.

13. "Dar-se ao trabalho de", "dar-se ao luxo de" + oração infinitiva parece ser a sintaxe primitiva. Paulo Emílio exemplifica-a nesta passagem:

(34) "Não falo das cartas que agora sequer me dava ao trabalho de abrir no vapor da chaleira" (p. 48).

Mas isto foi na primeira edição; na segunda (p. 90), saiu "sequer me dava o trabalho de abrir". "Correção" (!) ou lapso?

14. O originário "haver/ter muito que + infinitivo" fez-se "haver/ter muito o que + infinitivo" no português brasileiro. Paulo Emílio exemplifica os dois, curiosamente quase lado a lado:

(35) "ponderou que ali não tinha muito o que ver" (pp. 83 e 138).
(36) "Haveria ainda muito que anotar" (pp. 84 e 138).

15. Uso do pronome **ele** em vez da forma reflexiva **si** — sintaxe bem brasileira:

(37) "Não se referia a ele [marido falecido], não tinha tempo, só falava nela" (pp. 35 e 71).

Quer dizer, só falava em si, a egocêntrica. E vejam o efeito estilístico da contraposição **ele/ela**, efeito que se perderia com o ortodoxo (segundo a Gramática Normativa) **si**. (A respeito deste brasileirismo sintático, em Alencar e nos nossos modernistas, veja-se Raimundo Barbadinho Neto, *Tendências e constâncias da língua do modernismo*, 1972).

***

COLOCAÇÃO   E, naturalmente, a famosa colocação dos pronomes oblíquos — outro ponto em que Paulo Emílio se mostra bem brasileiro, para escândalo dos escrupulosos observantes das normas da Gramática tradicional.

1. Pronomes oblíquos abrindo frase:

(38) "Me veio a esperança de um erro de leitura" (pp. 66 e 115).
(39) "Se convencera de que esse champanhe [...] deveria ter um papel decisivo" (pp. 23 e 55).

E ainda: "Me intrigavam" (pp. 72 e 124); "Me regozijo" (pp. 77 e 129); "Se machuca ligeiramente" (pp. 91 e 149); e "as assinei" (pp. 72 e 123).

2. Pronome oblíquo "solto" entre dois verbos: tinham **se** reduzido (pp. 36 e 72), teria **me** libertado (pp. 41 e 79), ter **se** recusado (pp. 46 e 86), tinham **se** dissipado (pp. 50 e 92), tinham **se** cristalizado (pp. 62 e 109), terem **se** juntado (pp. 67 e 116), ter **me** causado (pp. 78 e 130), estava **me** chamando (pp. 82 e 135), pretendia **se** imiscuir (pp. 37 e 73), podia **se** queixar (pp. 46 e 87), queria **me** destruir (pp. 70 e 120).

3. Pronome oblíquo apoiado no particípio: tinha perdido a paciência e **me** casado (pp. 93 e 151).

CONCORDÂNCIA   1. Verbo no singular em construção do tipo "um dos que (verbo)":

(40) "Hermengarda ocupou minha vida anos e anos a fio e mais ocuparia não fosse uma dessas coisas que interrompe a continuidade do casamento e proíbe o retorno" (pp. 35 e 71).

Anotar, além da sintaxe (perseguida pelos normativistas logicistas), a leve ressonância camoniana: "e mais ocuparia não fosse"...

2. Concordância com o substantivo preposicionado de construções partitivas:

(41) "Boa parte dessas leituras foram inúteis, pois eram dedicadas [...]" (pp. 24 e 57).

Concordância rigorosamente sintática, com o núcleo da estrutura nominal: boa parte (dessas leituras) foi inútil, pois era dedicada... A não ser que se interprete "boa parte de" como determinante. Mais exatamente, trata-se de uma "concordância ideológica": mesmo o singular "boa parte" exprime idéia plural. Uma concordância não *ad verbum* mas *ad sensum*, com o sentido.

3. Outra concordância ideológica surpreendo nesta passagem:

(42) "Nessas condições, perguntava se era adequada o emprego da expressão triarquia."

Assim estava na primeira edição (p. 98) e assim foi mantido na segunda (p. 158). Em rigorosa sintaxe, concordância com o núcleo: "se era adequado o emprego..." — "se o emprego... era adequado". Mas na mente do autor terá predominado a relação adequada: expressão "triarquia". Pressão de dois femininos.

4. Concordância de expressões como **ser necessário/preciso**. Todos conhecemos sintaxes do tipo de "É necessário paciência". Ela também se documenta em Paulo Emílio, nesta frase:

(43) "Foi necessário essa leitura para perceber que há muito Hermengarda não me chamava mais de Poly" (pp. 53 e 97).

Está claro que em outra ordem teríamos "Essa leitura foi necessária para perceber...". A própria inversão, em (43), sugere outra sintaxe, subjacente, e que explica a concordância nominal: fazer essa leitura + foi necessário / foi necessário + fazer essa leitura — com inversão normal ("extraposição") do sujeito-oração. **Fazer** é verbo facilmente recuperável e por isso omitido, apagado em "Foi necessário ( ) essa leitura...".

OUTROS FATOS 1. Emprego de **há** em lugar de **havia** na expressão de "decurso de tempo":

(44) "fazer um pouco de sala aos parentes que não víamos há um mês" (pp. 42 e 80).

E assim: "há algumas semanas eu sentia" (pp. 43 e 82), "há anos [...] desistira" (pp. 48 e 89), "há muito [...] chamava" (pp. 53 e 97), "não acontecia há dois dias" (pp. 64 e 111), "falava continuamente há quase meia hora" (pp. 79 e 132), "há mais de oito horas estava me chamando" (pp. 82 e 135).

Este **há** invariável, indócil ao "consecutio temporum" (concordância temporal), explica-se por "gramaticalização" — como já viu Antenor Nascentes — assumindo função de preposição: há [a] / a.

2. Neologismos: arquiconhecidos (pp. 52 e 95), roxidão (pp. 52 e 95; cp. vermelhidão, amarelidão, negridão), endoecimento (pp. 87 e 143; cp. adoecimento), autopunitivo (pp. 36 e 60), ensombreamento (pp. 27 e 60), malficar (pp. 78 e 130), andarão (pp. 83 e 138; por oposição a andorinha; cf. no texto).

SABENDO UM POUCO MAIS

ARROJO, Rosemary (org.) *O Signo desconstruído. Implicações para a tradução, a leitura e o ensino.* Campinas: Pontes, 1992.

BACK, Eurico *Fracasso do ensino de português: proposta de solução.* Petrópolis: Vozes, 1987.

BAGNO, Marcos. *Pesquisa na escola: o que é, como se faz.* São Paulo: Loyola, 1999.

BAGNO, Marcos. *Dramática da língua portuguesa: tradição gramatical, mídia e exclusão social.* São Paulo: Loyola, 2000.

BARRIOS, Graciela. "Políticas lingüísticas en el Uruguay: estándares vs. dialectos en la región fronteriza uruguayo-brasileña". *Boletim da Associação Brasileira de Lingüística* 24: 65-82, 1999.

BECHARA, Evanildo. *Ensino de gramática. Opressão? Liberdade?* São Paulo: Ática, 1985.

BRAGGIO, Silvia Lúcia Bigionjal (org.) *Contribuições da lingüística para a alfabetização.* Goiânia: Editora UFG, 1995.

BRANDÃO, Helena Nagamine / MICHELETTI, Guaraciaba (coords.) *Aprender e ensinar com livros didáticos e paradidáticos.* São Paulo: Cortez, vol. II, 1997. (Col. Aprender e ensinar com textos, coordenada por Ligia Chiappini).

BRANDÃO, Helena Nagamine (coord.). *Gêneros do discurso na escola. Mito, cordel, discurso político, divulgação científica.* São Paulo: Contexto, 1999. (Col. Aprender e ensinar com textos, coordenada por Ligia Chiappini).

CABRAL, Leonor Scliar. *Guia prático de alfabetização.* São Paulo: Contexto, 2003a.

CABRAL, Leonor Scliar. *Princípios do sistema alfabético no Brasil.* São Paulo: Contexto, 2003b.

CAGLIARI, Luiz Carlos. *Alfabetização e lingüística.* São Paulo: Scipione, 1990.

CAGLIARI, Luís Carlos. O segredo da alfabetização. *Jornal da alfabetizadora* 20: 9-11 [Porto Alegre: Ed. Kuarup / PUC-RS, 1992]

CASTILHO, Ataliba T. de (org.). *Subsídios à proposta curricular de língua portuguesa para o 2º. grau.* São Paulo/Campinas: Secretaria de Estado da Educação/Unicamp, 1978, 8 vols.; 2ª. ed. São Paulo: Secretaria de Estado da Educação, 1988, 3 vols.

CASTILHO, Ataliba T. de. "A Constituição da norma pedagógica portuguesa". *Revista do Instituto de Estudos Brasileiros* 22: 1980, 9-18.

CASTILHO, Ataliba T. de. "Português falado e ensino da gramática". *Letras de Hoje* 25/1: 1990b, 103-136.

CASTILHO, Ataliba T. de. *A Língua falada no ensino de português.* São Paulo: Contexto; 6a. ed., 2004.

CITELLI, Adilson (coord.) *Aprender e ensinar com textos não escolares.* São Paulo: Cortez, 1997 (Col. Aprender e ensinar com textos, coordenada por Ligia Chiappini).

CORRÊA, Manoel Gonçalves. *O Modo heterogêneo de constituição da escrita.* São Paulo: Martins Fontes, 2004.

DUTRA, Rosalia. *O falante gramático: introdução à prática de estudo e ensino do português.* Campinas: Mercado de Letras, 2004.

FARACO, Carlos Alberto. *Escrita e alfabetização.* 6 ed., São Paulo: Contexto, 1992.

SABENDO UM POUCO MAIS

FARIA, Maria Alice de O. *O Jornal em sala de aula*. São Paulo: Contexto, 1989.

FARIA, Maria Alice de O. *Como usar a literatura infantil em sala de aula*. São Paulo: Contexto, 2004.

FARIA, Maria Alice de O. & ZANCHETTA, José. *Para ler e fazer o jornal na sala de aula*. São Paulo: Contexto, 2002.

FULGÊNCIO, Lúcia & LIBERATO, Yara (1992). *Como facilitar a Leitura*. 8ª ed. São Paulo: Contexto, 1992.

GENOUVRIER, E. & PEYTARD, J. (1970-1975) *Lingüística e ensino do português*. Tradução e adaptação de Rodolfo Ilari. Coimbra: Almedina, 1970-1975

GERALDI, João Wanderley. *O texto na sala de aula*. São Paulo: Ática, 1997.

GERALDI, João Wanderley. *Linguagem e ensino: exercícios de militância e divulgação*. Campinas: Mercado de Letras, 1996.

GERALDI, João Wanderley / CITELLI, Beatriz (coords.). *Aprender e ensinar com textos de alunos*. São Paulo: Cortez, vol. I, 1997 [coleção coordenada por Lígia Chiappini].

HALLIDAY, M.A.K. / MACINTOSH, A. / STREVENS, P. (orgs.) *As Ciências lingüísticas e o ensino de línguas*. Petrópolis: Vozes, 1974.

HAY, Amini Boainain *Da necessidade de uma gramática padrão da língua portuguesa*. São Paulo: Ática, 1994 (Col. Ensaios)

HEAD, Brian Franklin. "A Teoria da linguagem e o ensino do vernáculo". In.: *Vozes* 67 (5), 1973: 63-72, Petrópolis.

ILARI, Rodolfo. *A Lingüística e o ensino da língua portuguesa*. São Paulo: Martins Fontes, 1985.

KATO, Mary (org.) *A concepção da escrita pela criança*, 2 ed., Campinas: Pontes, 1992.

KATO, Mary; MOREIRA, Nadja & TARALLO Fernando. *Estudos em alfabetização*. Campinas: Pontes, 1998.

KLEIMAN, Ângela B. *Texto e leitor: aspectos cognitivos da leitura*. Campinas: Pontes, 1989.

KLEIMAN, Ângela B. (1993). *Oficina de leitura: teoria e prática*. Campinas: Pontes, 1993.

KLEIMAN, Ângela B. *Leitura: ensino e pesquisa*. 2 ed., Campinas: Pontes.

KLEIMAN, Ângela B. (org.) *Os Significados do letramento: uma nova perspectiva sobre a prática social da escrita*. Campinas: Mercado de Letras, 1999.

KOCH, Ingedore Villaça & ELIAS, Vanda Maria. *Ler e compreender: os sentidos do texto*. São Paulo: Contexto, 2006.

LEMLE, Mirian. *Guia teórico do alfabetizador*. São Paulo: Ática, 2004 (Col. Princípios)

LOPES, Luiz Paulo da Moita. *Oficina de lingüística aplicada*. Campinas: Mercado de Letras, 1996.

LUFT, Celso Pedro. *Língua e liberdade*. 4ª ed., São Paulo: Ática, 1998.

MARTINS, Luciano. *Escrever com criatividade*. 3ª ed., São Paulo: Contexto, 2001.

MASSINI-CAGLIARI, Gladis. *O texto na alfabetização*. Campinas: Edição da autora, 1997.

MATCENCIO, Maria de Lourdes Meirelles. *Estudo da língua falada e aula de língua materna*. Campinas: Mercado de Letras, 2001.

SABENDO UM POUCO MAIS

MATTOS E SILVA, Rosa Virgínia. *Contradições no ensino do português.* 6ª ed., São Paulo: Contexto, 1996.

MATTOS E SILVA, Rosa Virgínia. *Tradição gramatical e gramática tradicional.* 5ª ed., São Paulo: Contexto, 2000.

MATTOS E SILVA, Rosa Virgínia. *"O português são dois..." Novas fronteiras, velhos problemas.* São Paulo: Parábola Editorial, 2004.

MOLLICA, Maria Cecília. *Influência da fala na alfabetização.* Rio de Janeiro: Tempo Brasileiro, 1998.

NEVES, Maria Helena de Moura. *Gramática na escola.* São Paulo: Contexto, 1990.

NEVES, Maria Helena de Moura. *A gramática: história, teoria, análise, ensino.* São Paulo: Editora da Unesp, 2002.

NEVES, Maria Helena de Moura. *Que gramática estudar na escola?* São Paulo: Contexto, 2003.

PERINI, Mário Alberto. *Para uma nova gramática do português.* São Paulo: Ática, 1995 (Col. Princípios)

POSSENTI, Sírio. *Por que (não) ensinar gramática na escola.* São Paulo: Mercado de Letras, 1998.

POSSENTI, Sírio & ILARI, Rodolfo. "Apresentação". Em: *15 anos de vestibular da Unicamp: Língua portuguesa e literaturas de língua portuguesa.* Campinas: Edunicamp, 2001. pp.5-17.

RAMOS, Jânia. *O Espaço da oralidade na sala de aula.* São Paulo: Martins Fontes, 1997.

SILVA, Luiz Antonio. "O diálogo professor/aluno na aula expositiva". In.: PRETI, Dino. *Diálogos na fala e na escrita.* São Paulo: Humanitas, 2005.

SUASSUNA, Lívia. *Ensino de língua portuguesa: uma abordagem pragmática.* 6ª ed., Campinas: Papirus Editora, 1995.

TASCA, Maria & POERSCH. José Marcelino (orgs.) *Suportes lingüísticos para a alfabetização.* 2ª ed. Porto Alegre: Sagra, 1990.

TRAVAGLIA, Luiz Carlos. *Gramática e interação.* São Paulo: Cortez Editora, 1996.

TRAVAGLIA, Luiz Carlos. *Gramática: ensino plural.* São Paulo: Cortez Editora, 2004.

Este livro, desenhado e paginado por Crayon Editorial, nas fontes Minion e Myriad, foi impresso em Pólen Soft 80g na Vida e Consciência. São Paulo, Brasil, outono de 2007.